韶华依依

绿漆·编著

U0365291

Photoshop
清新人物插画教程

電子工業出版社
Publishing House of Electronics Industry
北京·BEIJING

内 容 简 介

插画的风格千变万化，画插画的方法也各有不同，本书以人物插画为例，结合计算机绘图软件Photoshop来分享绘画方法。

本书共有七章，从软件的基本用法开始讲解，再介绍人物的结构和色彩原理知识。Chapter 05和Chapter 06两章结合案例讲解不同类型人物的画法，同时探索丰富的表现技法。当大家技艺日臻成熟之后就能独当一面了，可以绘制商业案例，最后一章介绍了与商业案例相关的内容。本书力图展现出人物插画绘制的普遍性和多样性，从而引导读者发掘适合自己的绘画方法。

未经许可，不得以任何方式复制或抄袭本书之部分或全部内容。
版权所有，侵权必究。

图书在版编目（CIP）数据
韶华依依 ： Photoshop清新人物插画教程 / 绿漆编著. — 北京 ： 电子工业出版社，2020.7
ISBN 978-7-121-39177-4

Ⅰ. ①韶… Ⅱ. ①绿… Ⅲ. ①图像处理软件－教材 Ⅳ. ①TP391.413

中国版本图书馆CIP数据核字(2020)第109942号

责任编辑：田　蕾　　特约编辑：刘红涛
印　　刷：北京缤索印刷有限公司
装　　订：北京缤索印刷有限公司
出版发行：电子工业出版社
北京市海淀区万寿路173信箱　邮编：100036
开　　本：787×1092　1/16　印张：12.5　字数：360千字
版　　次：2020年7月第1版
印　　次：2020年7月第1次印刷
定　　价：98.00元

凡所购买电子工业出版社图书有缺损问题，请向购买书店调换。若书店售缺，请与本社发行部联系，联系及邮购电话：（010）88254888，88258888。

质量投诉请发邮件至zlts@phei.com.cn，盗版侵权举报请发邮件至dbqq@phei.com.cn。

本书咨询联系方式：（010）88254161~88254167转1897。

前　言

PREFACE

我在念大学之前都不知道有“插画师”这个职业，只记得很小的时候就喜欢乱写乱画，可能涂抹也是人的本能。学生时代，课本上的配图曾深深地吸引我，我还经常对书籍上的各种人物进行二次创作，比如给他们换装，加上胡子、卷发、墨镜……相信很多读者也有过这种经历。后来接受了传统的美术基础学习，接触了素描、油画、动画等，随手画各种自己喜欢的东西，就像写日记一样坚持了下来。直到有杂志和一些商业机构陆续跟我约稿，我才感觉好像“一不小心”走进了插画行业。

在这本书里，我尽可能全面地分享我在人物插画方面的绘制方法。我讲述的插画语言与以插画为“母语”的创作者的讲述不同，是“带着传统绘画口音的方言”。也就是说，其中夹杂着传统绘画的“语感”。传统绘画对我的“哺育”，使我心怀感恩。

插画创作者需要了解众多的计算机绘图软件，这些绘图软件为绘制插画提供了更快捷的路径。本书的插画绘制借助了绘图软件Photoshop，所以书的开篇介绍了Photoshop和手绘板的基本操作，然后讲述人物插画造型的方法及色彩原理。虽然插画的风格千变万化，但是造型是一幅画的基础，是无法跳过的一步。也就是说，如果要画一个人，至少要先画出其轮廓。人们目之所及便是五彩缤纷的色彩，所以色彩的学习也是插画学习的基本功之一。

Chapter 05和Chapter 06两章收录了不同性别、年龄、肤色、性格的人物插画作品并做出了步骤详解，纵向呈现了不同的绘画风格，横向探讨了用Photoshop来模拟油画、彩铅、版画等效果的技法。旨在帮助读者学会技法的同时，也能开拓思维，并不是单一地模仿学习。最后一章介绍了插画师的日常，并引用了两个商业插画合作案例。

如果能够将我这些年的经验和感受传达给读者，并帮助读者找到适合自己的绘画方法，本书的出版就是有意义的。

最后，我要特别感谢促成这本书面世的ROOM114主理人天放，以及为这本书辛勤工作的编辑田振宇。

——绿漆

读者服务

读者在阅读本书的过程中如果遇到问题，可以关注 “有艺”公众号，通过公众号与我们取得联系。此外，通过关注“有艺”公众号，您还可以获取更多的新书资讯、书单推荐、优惠活动等相关信息。

扫一扫关注“有艺”

投稿、团购合作：请发邮件至 art@phei.com.cn。

目录

CONTENTS

Chapter 01 Photoshop板绘基本知识

Chapter 02 人物插画中的人体结构解析

Chapter 03 人物插画绘制入门

Chapter 04 色彩与配色

Chapter 05 不同人物形象的设定与画法

Chapter 06 Photoshop的优势与使用技法

Chapter 07 插画之外

Chapter 01

Photoshop板绘基本知识

1.1 写在插画之前

在绘画的道路上，我就像一个旁观者，随性地用画笔记录着生活中的人和事。当然，我也有过迷茫和困顿，时常思考怎样才能画出更满意的画作。为了不断地突破自己，每次画完一幅作品，我总会反复看很多遍。我发现，在完成一幅作品后，通常很满意画面呈现出来的质感，但是过一段时间再看，又会向自己提问："画面中人物的形体结构看起来舒服吗？""选择的颜色搭配和谐吗？""笔触和纹理显得突兀吗？"……这些提问督促着我不断地修改自己的作品，哪怕有的画作已经完成了很久。现在翻看以前的画，我还是经常会不由自主地发出感叹："啊！我以前的画是这个样子的啊！"

反复打磨作品，使我可以清晰地看到自己的成长过程。很多朋友告诉我，看到我的画有治愈作用，对此我觉得挺欣慰的，同时也更加明确了适合自己的方向。

在了解了适合自己的范畴之后，一切都变得好办了。每次画完，自己会觉得："嗯，这就是我要画的内容啊！"现在市场上有很多看上去大同小异的插画，某个插画风格火了，大家就都一味地模仿这个风格。原本插画作为一个载体，可以成为表达自己的一个出口，如果恰好能够和商业结合起来，就是锦上添花的事。在风格上不存在孰好孰坏。如果是千篇一律的流水作业，那画画还有什么意思呢？在实践和练习中不断地磨炼自己的技艺，然后找到最适合自己的作画方法，那么自然就形成了个人风格。

很高兴能把自己这些年积累的一些技法和心得集合在这本书里，希望尽可能地帮助大家打开插画思维，建立观察方法，在学会基础的计算机作画技能的同时，也帮助大家扩展视野。让我们借助Photoshop这个软件，从零基础到进阶，再到能够得心应手地画出自己想要的画面。

愿这本书能帮助每一个热爱插画的人。更重要的是，希望大家通过练习，能慢慢地发现自己的风格，做一个有自己风格和态度的插画师。

1.2 Photoshop基本功能介绍

1.2.1 Photoshop软件介绍

Adobe Photoshop简称"PS"，是由Adobe Systems开发和发行的图像处理软件，其众多的编修和绘图工具得到了设计师和插画师的青睐，是一款插画师必备的基础软件。

从整体上看，Photoshop版本在不断更新，功能基本延续了以往的特点，每次出现新的版本都会推出新的功能，旧版本的功能被融合或改进。大家可以根据需要下载最新的Windows系统或者Mac系统版本。我自己用的是Photoshop CC Mac 2017版。

Adobe Photoshop
CC 2017

打开Photoshop软件，从宏观角度认识操作界面。

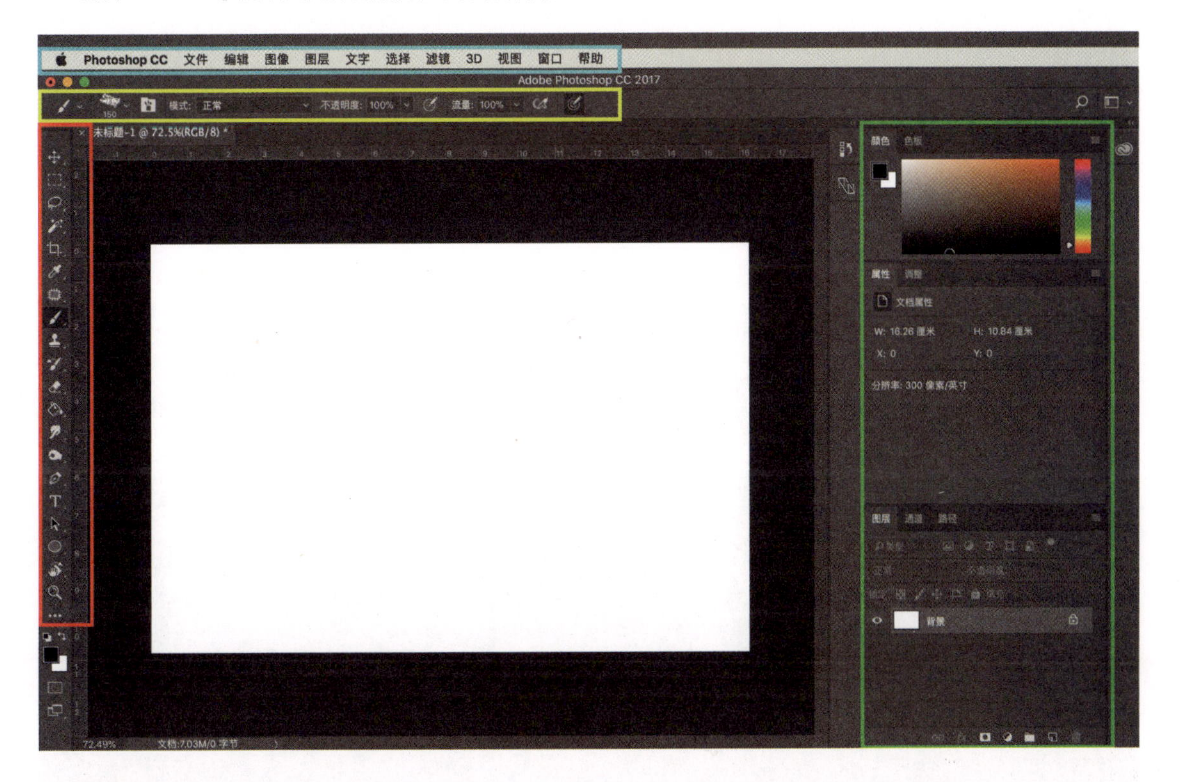

操作界面分为四部分，中间是绘图区域。

1. 菜单栏（蓝色区域）

菜单栏位于软件操界面的顶端，从整体上规划了软件的各种操作，在这里可以选择要执行的各种操作。

2. 属性栏（黄色区域）

属性栏位于菜单栏的正下方。属性栏具体包含哪些内容，由操作的工具决定，是不固定的。当选择某一工具后，属性栏便会出现各种属性设置。也就是说，在操作过程中，必须要结合属性栏使用各种工具。

3. 工具栏（红色区域）

工具栏位于操作界面的左边，包含众多执行Photoshop操作所需的工具：移动工具、矩形选框工具、套索工具、快速选择工具、裁剪工具、吸管工具、污点修复画笔工具、画笔工具、仿制图章工具、历史记录画笔工具、橡皮擦工具、渐变工具、模糊工具、减淡工具、钢笔工具、横排文字工具、路径选择工具、矩形工具、抓手工具、缩放工具。选中某一工具，单击鼠标右键，能弹出拓展工具和快捷键。最常用的是画笔工具、橡皮擦工具、油漆桶工具和移动工具，熟记常用工具的快捷键能帮助我们流畅地绘图。

4. 控制面板（绿色区域）

控制面板包括两个竖排排列的区域，第一个竖排区域在默认情况下是隐藏的，不过通过单击右上角的按钮即可打开或者隐藏控制面板。同理，第二竖排的控制面板也可以被隐藏和扩展。

1.2.2 Photoshop软件快捷键设置

快捷键是Photoshop为了提高绘图效率提供的快捷方式，打开快捷键编辑对话框的快捷键是【Ctrl+Alt+Shift+K】，Mac版本的快捷键是【Command+Option+Shift+K】。

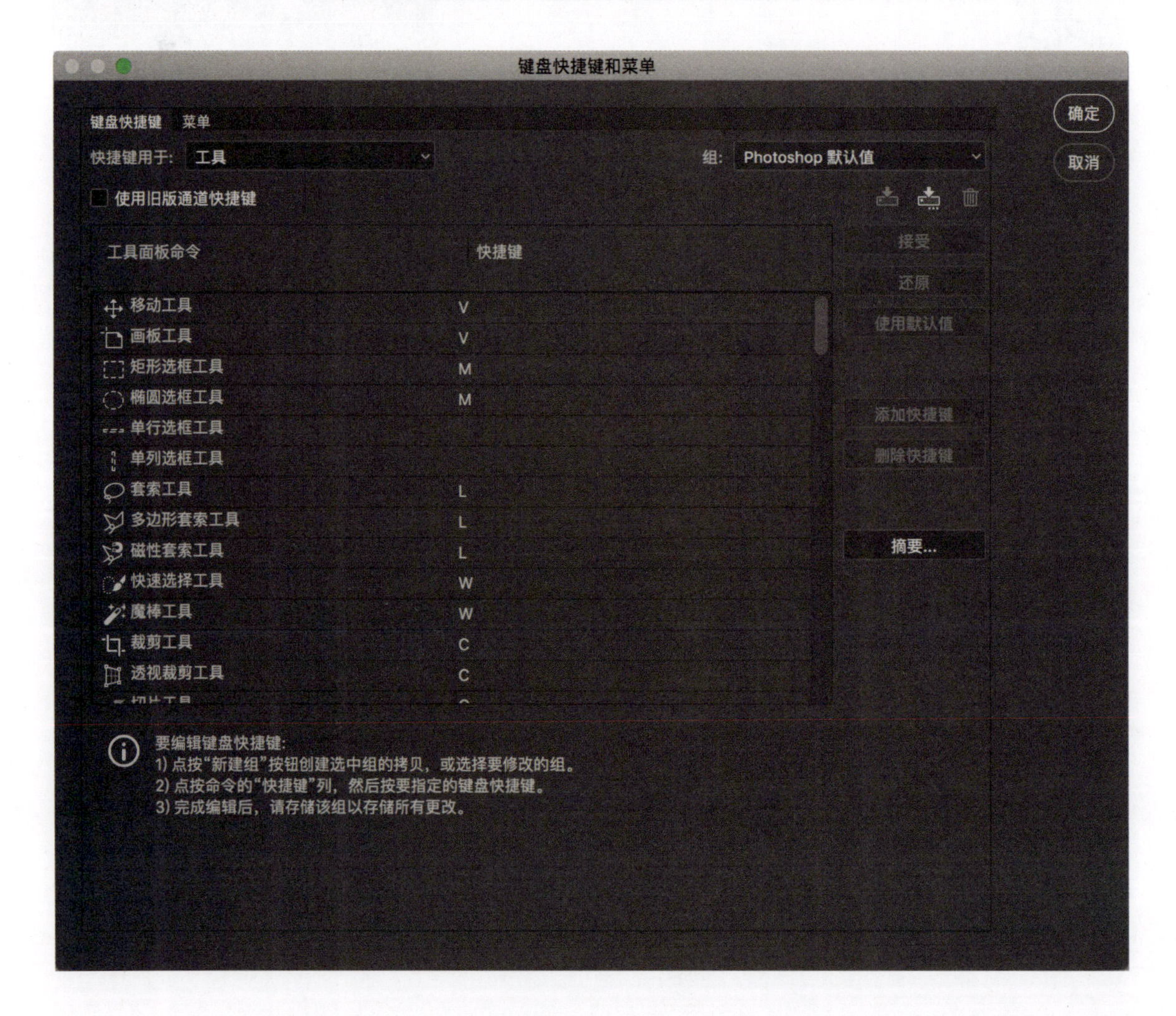

Photoshop中常见的工具快捷键如下图所示。

工具栏的快捷键：在某个工具上单击鼠标右键，会出现该工具的子选项和快捷键。

基本操作快捷键如下。

新建图形文件：【Ctrl+N】

存储：【Ctrl+S】

撤回：【Ctrl+Z】

另存为：【Ctrl+Shift+S】

取消选取：【Ctrl+D】

隐藏选取：【Ctrl+H】

自由变换：【Ctrl+T】

色调：【Ctrl+M】

色相：【Ctrl+U】

笔刷大小：缩小使用“【”键，放大使用“】”键。

注：在Mac系统中【Ctrl】键用【Command】键替代。

设置和运用快捷键能大幅度提高操作效率，因为在用手绘板画画时要用右手握笔，只能用左手来操作键盘，所以常用的快捷键都设置在左手能轻易按到的地方，操作起来很方便。刚开始接触Photoshop时要多熟悉快捷键，让使用快捷键成为绘画时的习惯。随时保存文件是一个很好的绘图习惯，切记绘画时要随时使用快捷键【Ctrl+S】来保存文件。因为使用计算机绘图可能会遇到很多不可控的因素，避免一幅画还没完成，却因为突然停电或计算机死机等状况没有保存文件导致前功尽弃。

1.3 图层和笔刷

1.3.1 图层的优势

“图层”面板是Photoshop区别于纸上作画的明显优势，它可以分层绘制画面的每一部分。各图层之间既互不干扰，又能够便捷地调整前后遮挡关系和混合模式，还可以调整图层的不透明度。不想看到该图层内容可以关闭“眼睛”图标，将图层隐藏起来，不想受到该图层干扰可以将其锁定。当创建的图层过多时可以分组，有利于有条理地找到相应的图层。

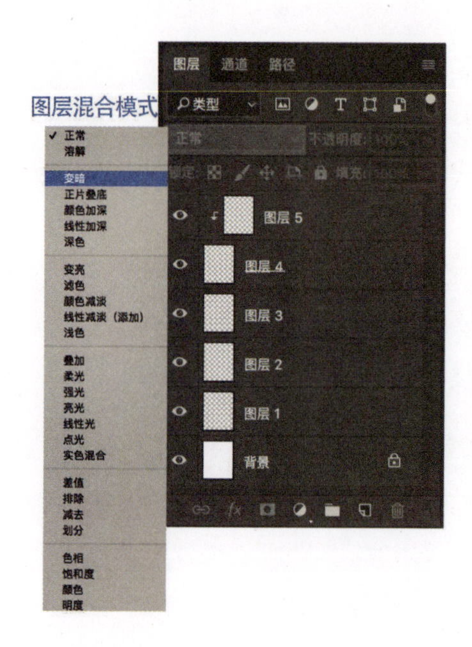

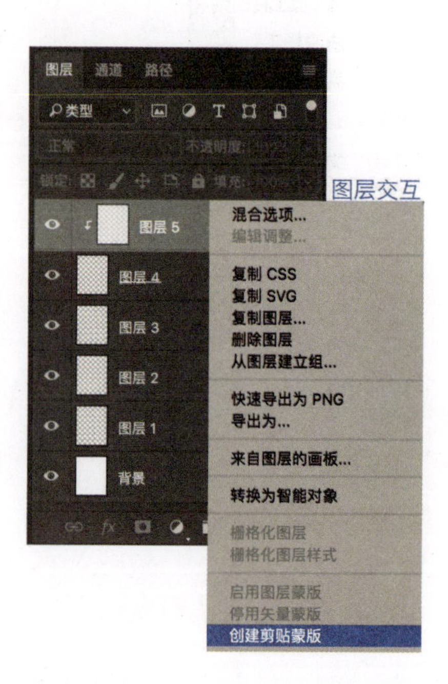

图层就像文件收纳盒，每一个单独的文件既可以分开使用，又可以合在一起，还可以编成一组，非常方便。

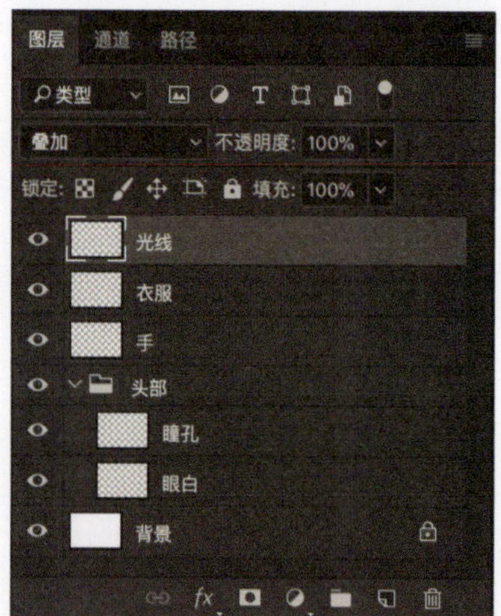

1.3.2　笔刷的属性

按【F5】键，就会弹出画笔设置面板，在其中可以看到笔刷的基本属性。

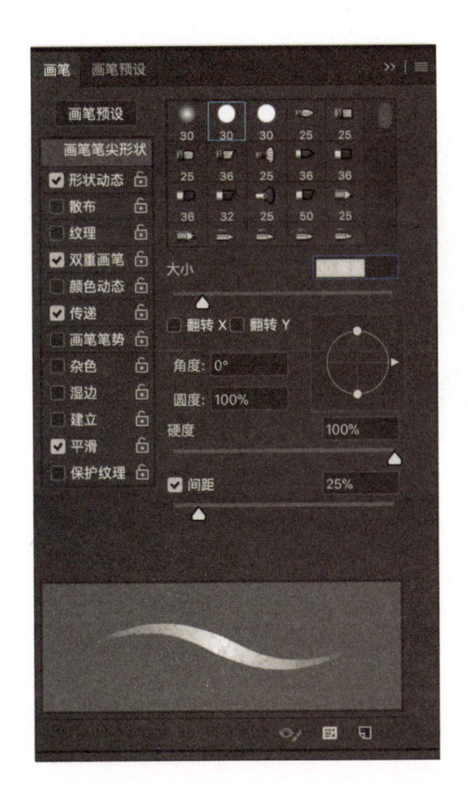

1. 画笔形状

画笔形状是Photoshop作画的最大优势，在纸上作画，不同的画种要买不同的笔，如毛笔、钢笔、铅笔、油画笔、水彩笔等，但是在Photoshop中只需要调整画笔形状，几乎能满足所有需求。

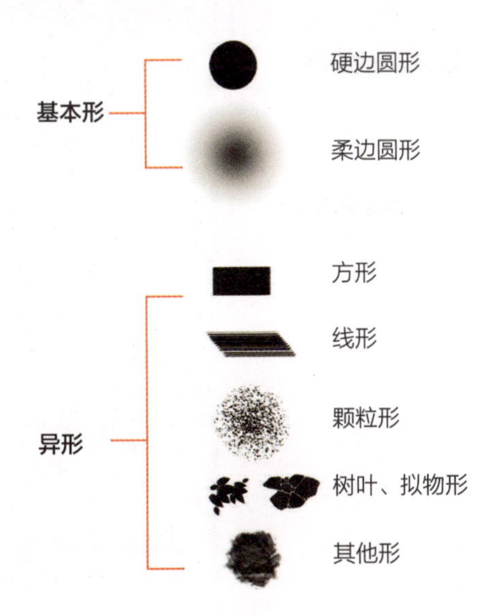

基本形是笔刷的原始形状，一般就是硬边的圆形和柔边的圆形，其他形状就是用来绘制不同材质类型的笔刷，比如树叶形、颗粒形、锯齿形等。单击工具栏中的“画笔工具”，再单击鼠标右键，会弹出笔刷选择界面，单击右上角的设置按钮，可以把Photoshop自带的特殊笔刷都追加进来。

注意：是单击“追加”按钮。

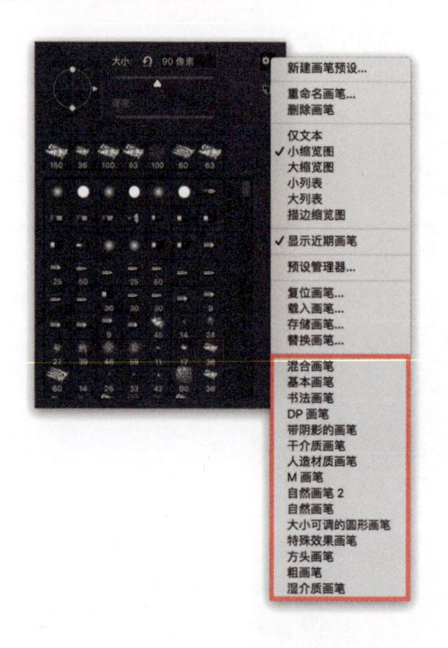

2. 画笔压感

画笔压感是笔刷最重要的属性。压感其实是模拟、还原我们的用笔习惯，让画笔能够感受到手的力度，使笔刷有轻重缓急变化。

选中“画笔”面板中的“形状动态”或者“传递”复选框，在“控制”下拉列表中可以看到“钢笔压力”选项。这里的“钢笔压力”就是我们说的画笔压感。

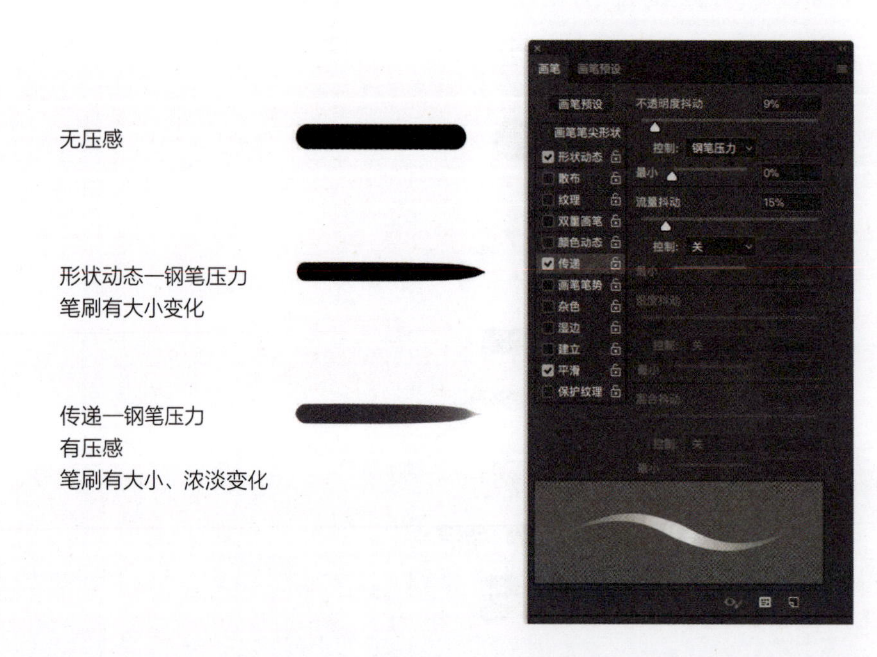

3. 笔刷的不透明度

顾名思义，笔刷的不透明度数值越小，笔刷就越透明。透明的笔刷在画面上绘画会有相互重叠的效果。

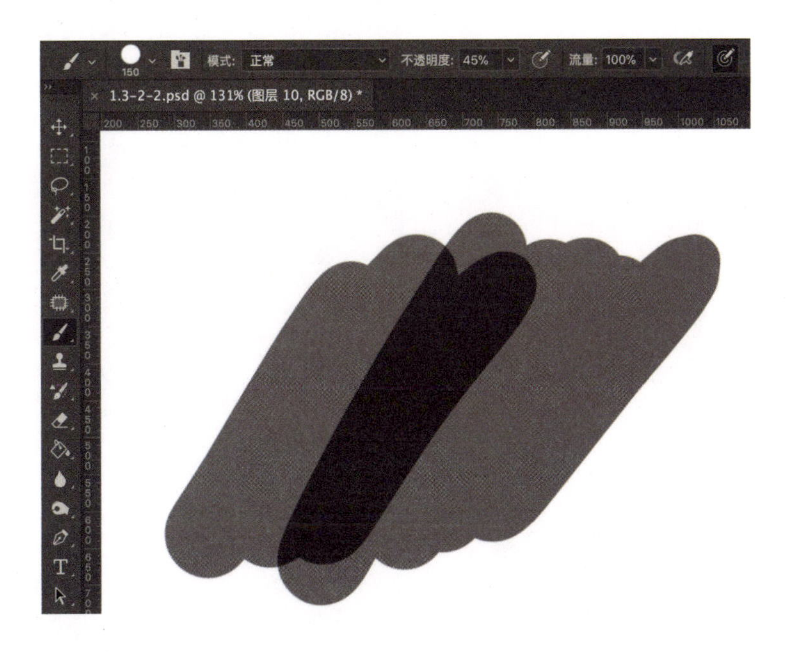

1.3.3 笔刷的制作原理

所有的笔刷都可以通过调节画笔的各种参数制作出来。

下面以一个没有任何效果的圆头笔刷为基础来制作自己的笔刷。

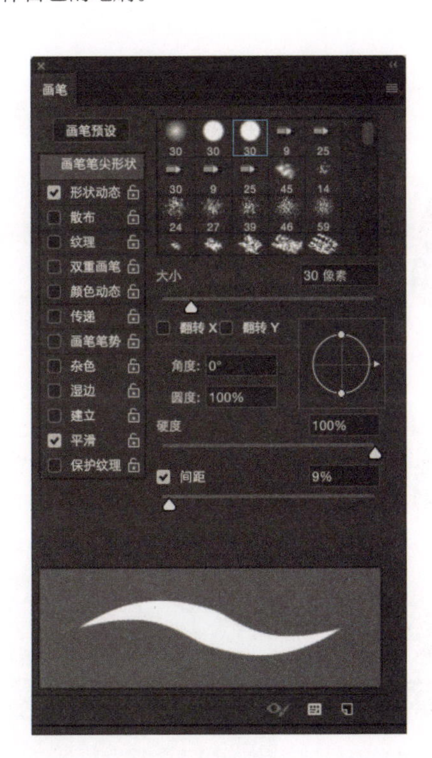

基础圆头笔刷预设面板里没有任何参数。

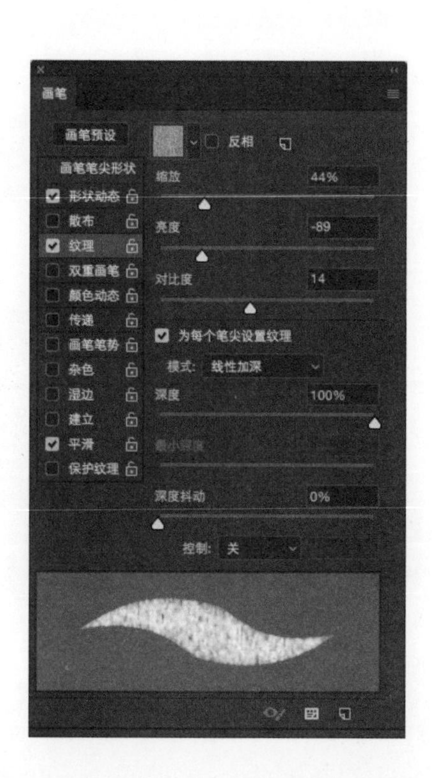

选中“纹理”复选框，并调节“亮度”“对比度”“模式”等参数，可以看到画笔效果发生了明显的改变（参数没有固定值，大家可以自行尝试不同的参数组合，来生成想要的画笔效果）。

选中“双重画笔”复选框，笔刷效果会发生巨大的变化。所谓双重画笔，顾名思义，就是把两个画笔叠加在一起生成新的画笔。也可以选中“传递”复选框，通过调节“钢笔压力”来使画笔产生压感。

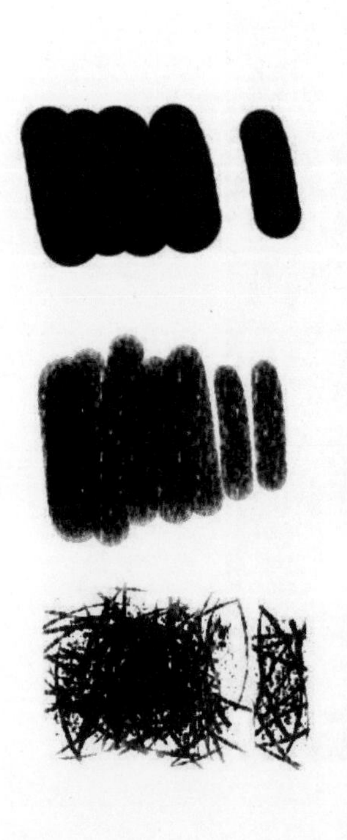

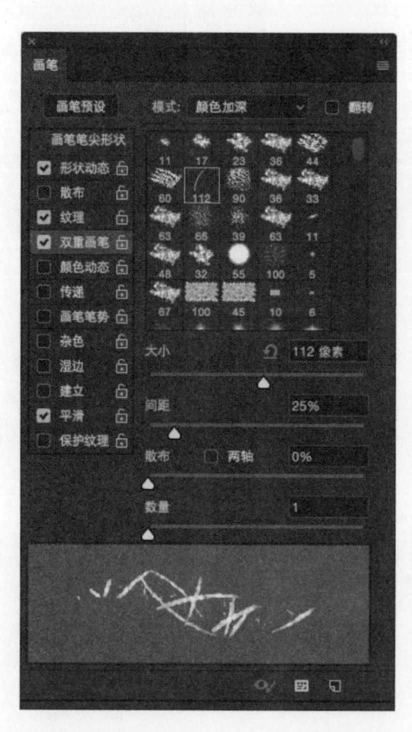

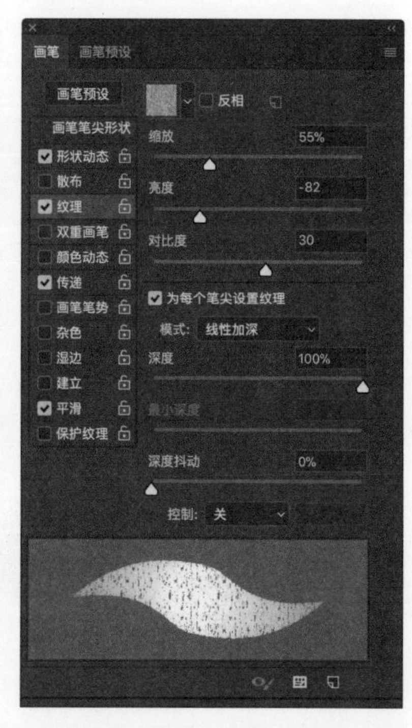

用选框工具（快捷键为【M】）框选画笔，选择“编辑”>“定义画笔预设”命令，在弹出的“画笔名称”对话框中定义自己的画笔名称，单击“确定”按钮，就可以在画笔面板里找到自己制作的画笔了。

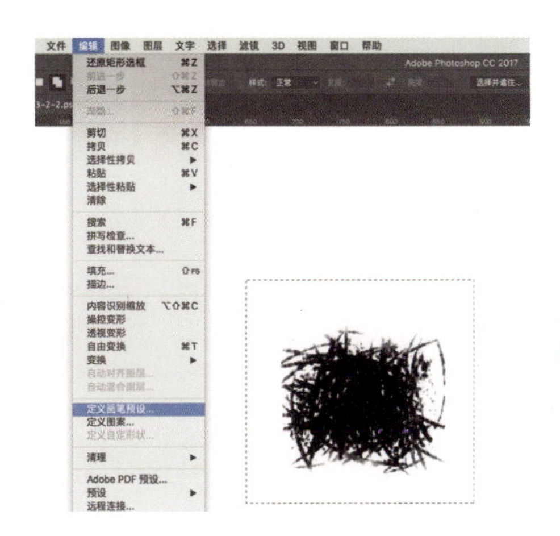

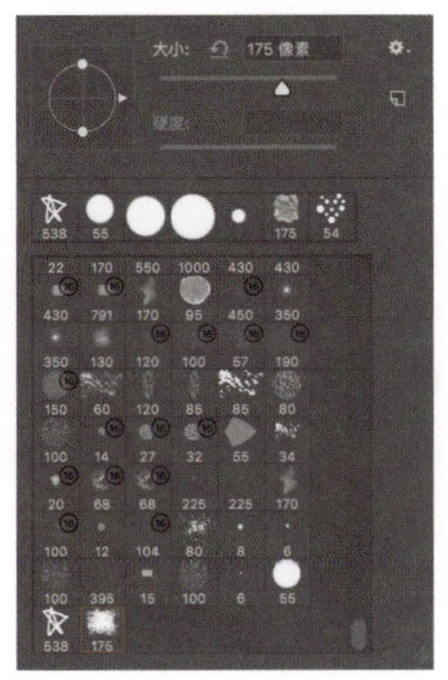

1.4 数位板基础操作

数位板即所谓的手绘板，是非常重要的计算机绘图工具。手绘板有很多不同的品牌，我个人用的是影拓五代手绘板。大家可以根据自己的喜好选择相应的数位板，在官网下载对应版本的驱动程序，安装完成后，就可以开始作画了。

数位板可以让人找回拿着笔在纸上画画的感觉。它可以模拟各种画笔效果，例如，最常见的毛笔。当我们用力的时候，使用毛笔画笔能画出很粗的线条；当我们使用的力度很轻的时候，可以画出很细、很淡的线条。它还可以模拟喷枪效果，当我们用力的时候能喷出更大范围的墨，而且还能根据画笔倾斜的角度，喷出扇形等效果。

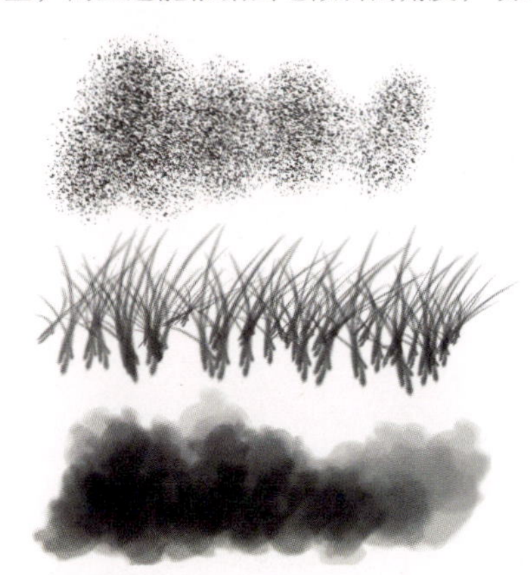

除了模拟传统的各种画笔效果，它还可以利用计算机的优势，做出使用传统工具无法实现的效果。例如，根据压力大小进行图案的贴图绘画，只需轻轻几笔就能很容易地绘出一片开满大小、形状各异的鲜花的芳草地。有些人在刚开始使用时觉得不适应，可以在数位板上垫一张纸，再使用笔画，就跟在纸上绘画的感觉非常接近了，多试几次，慢慢就熟练了。

本章总结

1. Photoshop，简称“PS”，是设计师和插画师必备的一款基础软件。

2. Photoshop的工作区包括菜单栏、属性栏、工具栏和控制面板四大部分。

3. 图层是Photoshop区别于纸上作画的明显优势，它可以分层绘制画面的每一部分,各图层之间既可以互不干扰，又可以相互影响。

4. 笔刷是使用计算机作画实现不同效果的重要工具，不同参数组合的笔刷可以实现千变万化的画面效果。

小作业

下载安装Photoshop，熟悉快捷键设置，自己尝试制作一个笔刷。

Chapter 02

人物插画中的人体结构解析

2.1 人体结构介绍

2.1.1 人体结构组成

只要是画人物，都离不开对人体结构的理解。在真正的人体结构中，骨骼和肌肉非常复杂，每一块骨骼和肌肉的动作都影响着人体的外在变化。大家可以阅读人体结构的相关书籍，我学习的是“伯里曼人体结构”。

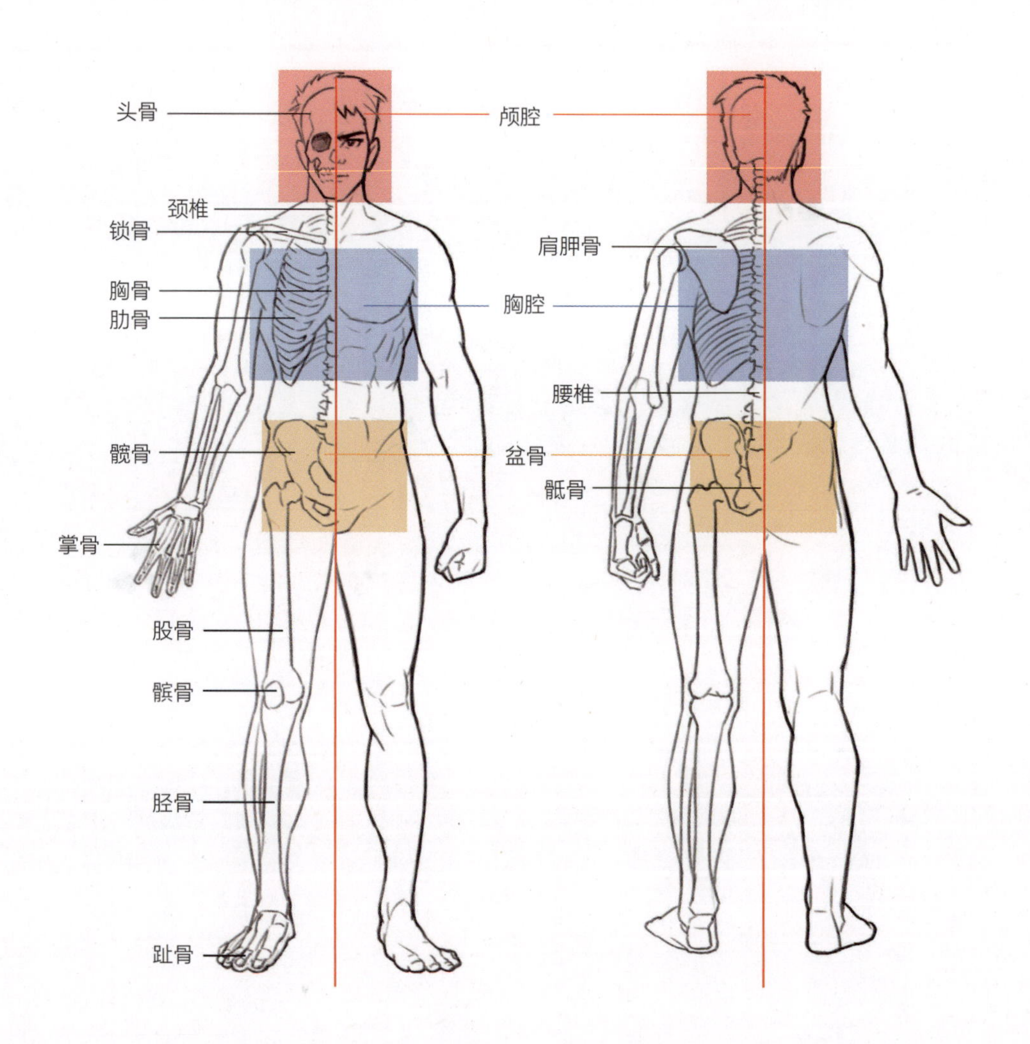

如果不是纯艺术或者写实绘画，相对来说，插画对于人体结构的要求简单得多，大家只需要理解几个大的结构即可。

实际上，可以把人体理解为一个机器人。这个机器人是由“三腔”和“四肢”组成的。

“三腔”指的是颅腔、胸腔、盆腔。“四肢”指的是手臂和手、腿部和脚。“三腔”这三大块本身是不能动的，但它们由颈椎和腰椎连接，因此人们可以做低头、弯腰等动作、“四肢”可以通过关节来联动，如手臂、手肘、膝盖部位都是可以转动的。

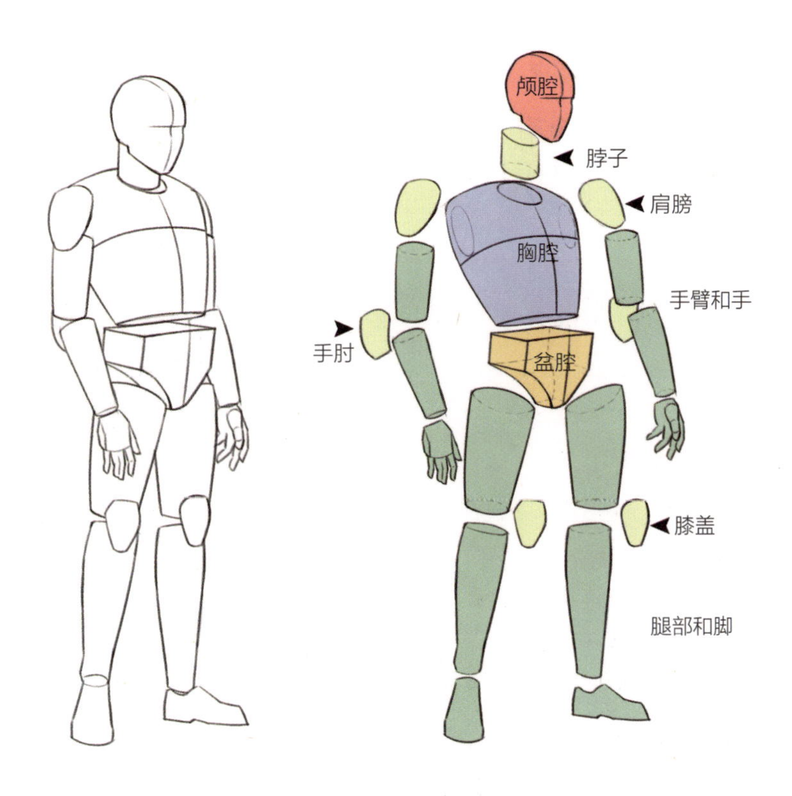

身体是有厚度的，不是一张纸片，所以要用三维的方式去理解人体。一般情况下，人们会将人体模型图绘制成半透明的，也可以称为“玻璃人体模型”，这样能让人更容易地画出身体的透视关系。在透明的人体模型图中，所有因角度不同而产生的身体局部遮挡，都可以从看得见的一侧去推断被遮挡部位的位置。

这种关节能动的木偶摆件，很适合初学者了解人体结构，可以将木偶摆成想要的姿势作为绘画参考。当我们熟悉了人体结构后，在每次作画之前，头脑里早已有这个模型结构了。

2.1.2　不同年龄的人体比例

现实生活中的人体有着相对固定的比例，为了让大家更直观地了解人体比例，通常以“头长”为计量单位来进行测量、研究，从而比较人体各部位与整体之间的关系。古希腊雕像中大量的8头身比例，是公认的最美的身体比例。实际上，除欧洲部分地区，在生活中很难找到8头身的人。一般来说，成年人的身高大概在7~7.5个头长，称为“7头身”。成年男子和女子体型的差异主要有：男子的肩部宽于髋部，肩宽为两个头长，髋宽为1.5个头长；女性肩部与髋部宽度大致相等或髋部宽于肩部，约1.75个头长。女性盆骨大于男性，但腰细于男性。

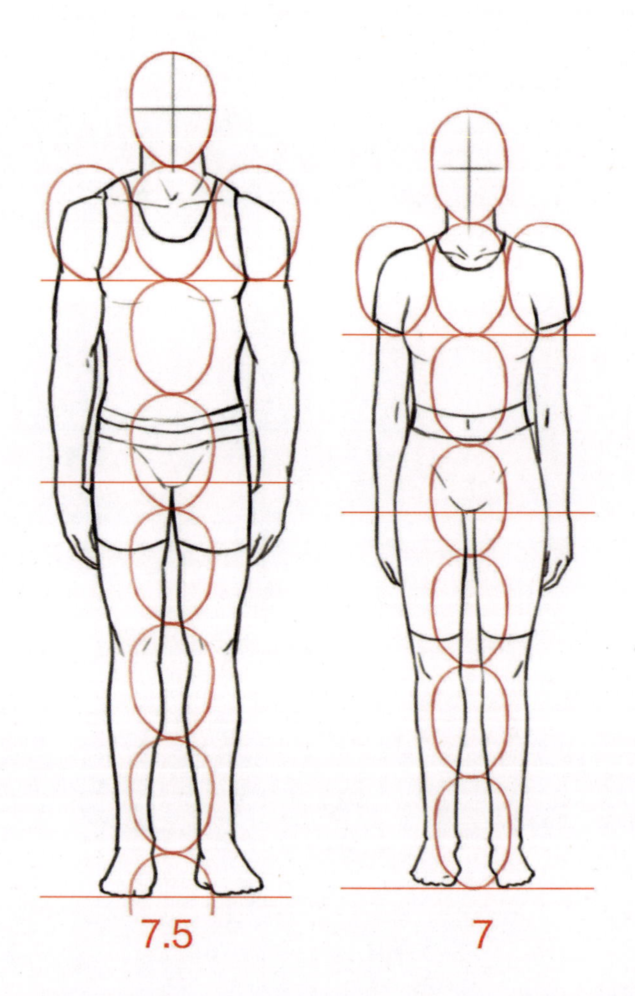

在人体生长的过程中，会呈现年龄越大，头部越小的趋势。初生儿为3个头长，3岁为4个头长，6岁为5个头长，16岁开始接近7个头长，25岁后开始定形；幼儿头部较大，四肢短小，三四岁之前较矮胖，五六岁后逐渐变瘦长，十五六岁身体开始变宽，体格逐渐接近成人。

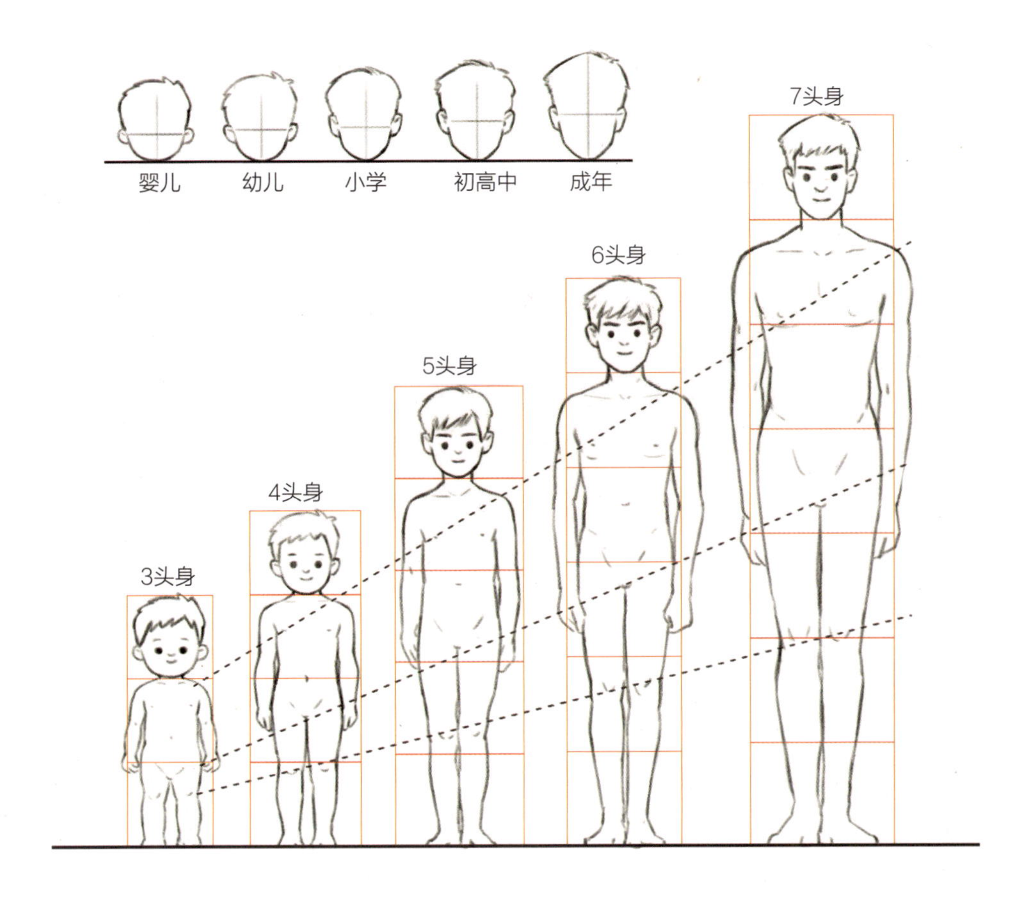

人的体型会随着年龄的增长而发生变化。随着年龄增加，人体的肌肉会开始松弛下垂，变得肥胖或干瘦，但这些体态变化不会影响人体的比例关系，只会引起视觉上的差异。人体的高度差异主要体现在下肢。

以上研究的都是理想的人体比例，一般在画插画或者漫画时，这个比例是可以夸张的。在很多卡通插画中，往往只有3头身，甚至2头身。因为夸张的人物比写实人物的比例显得更可爱。人们平时看到的动画片中的角色比例基本都是经过夸张处理的。

2.2 头部结构介绍

2.2.1 头部结构组成

头部是人体最重要的部位之一。头部由头颅和面部两部分组成。在传统绘画和写实作品中，人体头部结构是特别复杂的，我们不仅需要清楚骨骼的组成，还要了解肌肉的走向，以及面部的比例和空间关系。但是在插画中，头部结构要简单得多，它省略了很多原有的结构，只要符合基本原理即可。

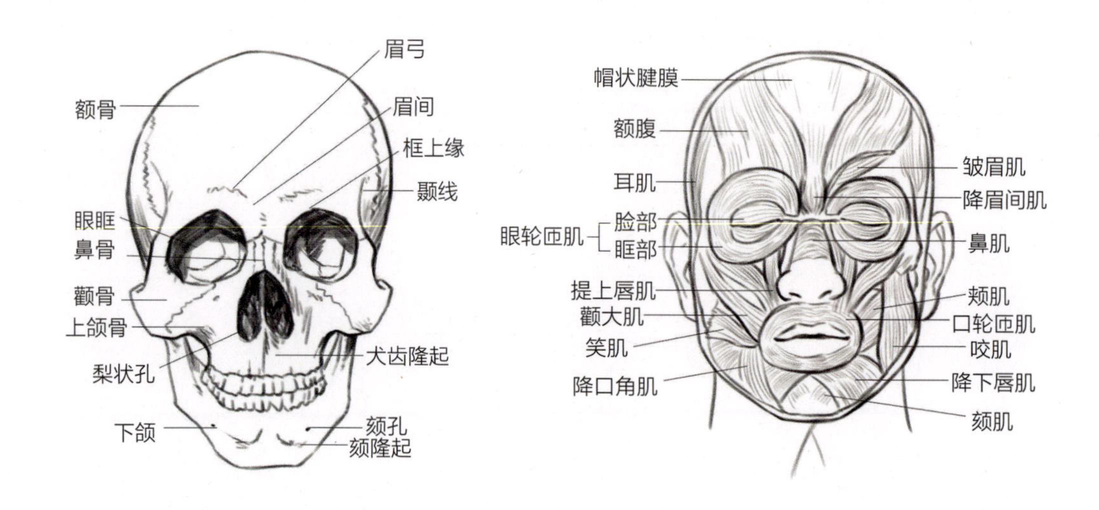

2.2.2 脸型的处理方法

脸型是指面部的轮廓。脸的上半部是由上颌骨、颧骨、颞骨、额骨和顶骨构成的圆弧形结构，下半部取决于下颌骨的形态。这些都是影响脸型的重要因素。颌骨具有很重要的作用，决定了脸型的基础结构。通常来说，小孩的脸型圆润，脸部骨骼感弱；女性的脸型较柔和，下巴比较尖；男性的脸部轮廓较为硬朗，棱角分明。瘦长脸型下颌骨较宽；肥胖人士因为脂肪多，下颌骨埋得深，一般有双下巴。

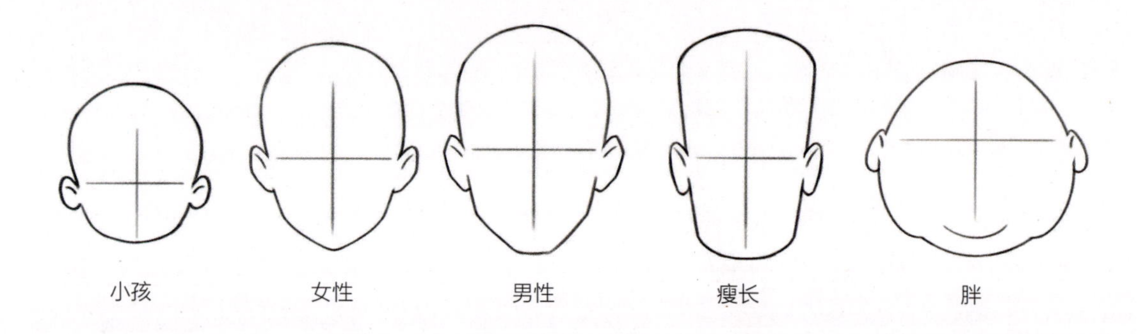

前面讲到随着年龄的变化，身体比例会不断变化，脸部比例同样也会发生变化。一般在画脸时，会画一个“十”字，这是两条最重要的辅助线：竖着的是中线，横着的是眼睛的位置。眼睛的位置一般在脸部的1/2处，年龄越小，位置越低。

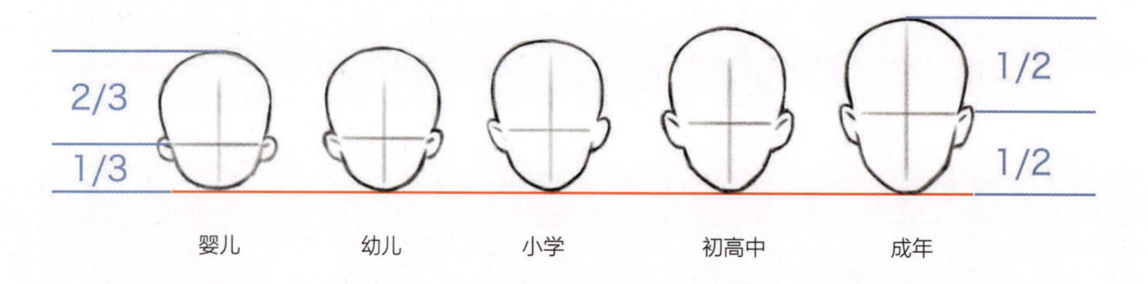

在儿童插画中，经常特意画低眼睛的位置，让五官更聚集，从而使人物显得更可爱。脸型也可以通过一些夸张处理，来突出人物的特征。

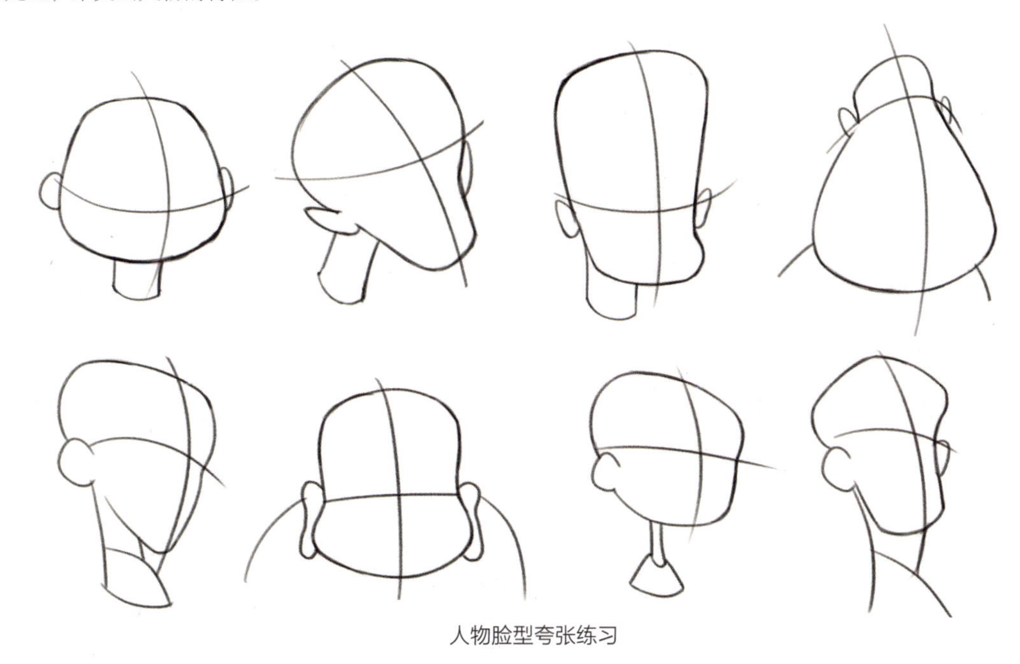

人物脸型夸张练习

2.2.3 头发的处理方法

由于头发比较复杂，在插画中不可能一根一根地画出来，一般要进行简化和归纳。

画头发要注意以下几点：

（1）画头发的时候，特别是画女性的头发，要一束束地画，而不是一根根地画。

（2）头部是球形的，注意头发的走向要贴合脑袋。

（3）复杂的发型要进行分组，要有取舍，每组头发之间会有连接，不需要将每组线都画出来，要错落有致，主要强调头发边缘的线。

（4）插画的风格各异，没有固定的方法，有的甚至只需画出整体头发的轮廓，只要头发与头部的结合看起来自然、统一即可。

可以简化成3个步骤来画头发：

（1）画出头部轮廓，确定发际线的位置，构思发型（长发、短发、卷发、中分……），根据头部轮廓确定头发的走向。

（2）分组。头发非常繁复，可以将其分成几大部分来考虑（刘海、侧发、后发……），这样便于进行归纳和取舍。

（3）补充细节。每组头发的发梢较细，如果一束头发太粗就分成两束来画，在描绘的过程中要注意平衡节奏变化，不断注意头发的长度。头发不要画得太过密集，可以适当地留出一点空隙，这样看起来会更加自然。

2.2.4 眉毛的处理方法

眉毛对人物有很好的美化作用，古代有许多关于眉毛形状的美好词汇，例如，柳叶眉、新月眉、秋波眉等。想要塑造人物鲜明的个性，展现角色丰富的表情，不可忽视眉毛的塑造。

眉毛的构造如下图所示。

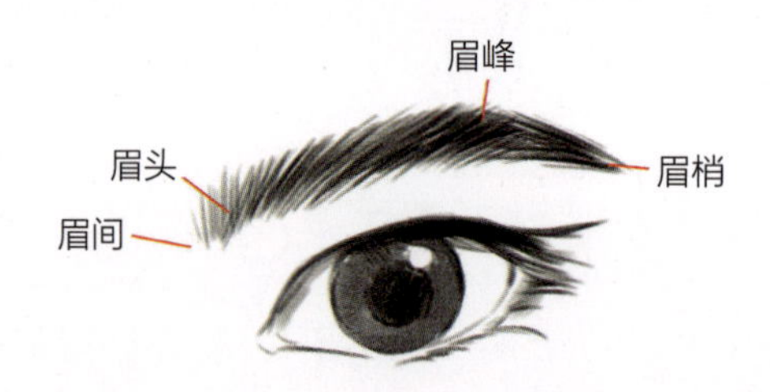

画眉毛的时候，可以根据眉毛的生长方向来勾画眉形。一般来说，男性的眉毛较厚、较浓;女性的眉毛则较为细长、柔和。

下面展示了几种常见的眉形。

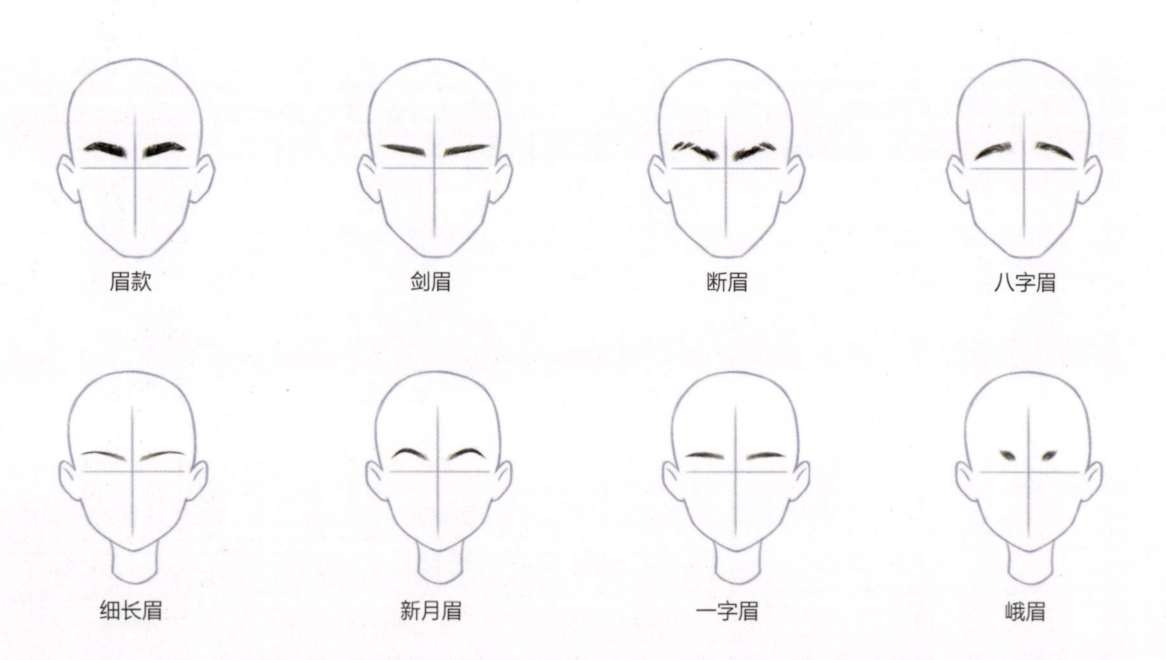

2.2.5 眼睛的处理方法

眼睛是人类感官中最重要的器官之一，眼珠近似球形，位于眼眶内。从正面看，眼睛包括眼睑、巩膜（眼白）、瞳孔、虹膜及角膜等主要部分。

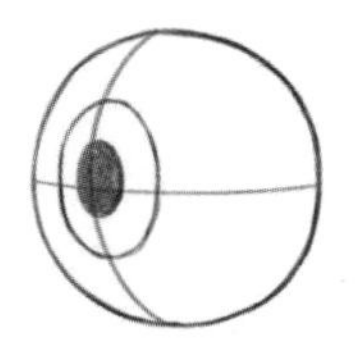
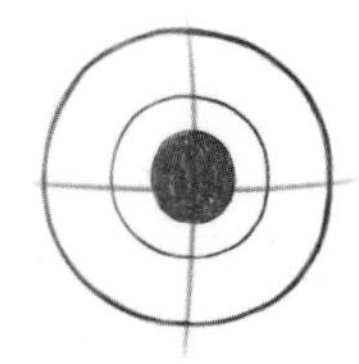
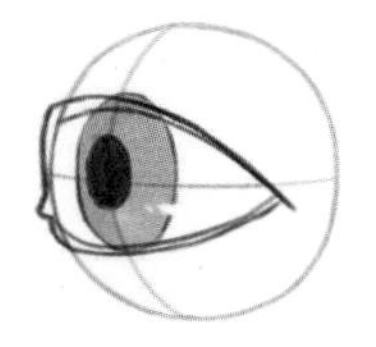
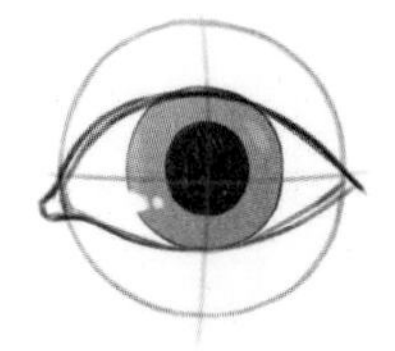

注意眼睛是球形的，画眼眶时要注意眼皮是贴在眼球上的，并且随着角度的变化，瞳孔的形状也会随之改变，并不都是正圆形。

在插画中有非常多的眼睛画法，只要理解了眼部结构，画眼睛时符合人物整体风格就行。

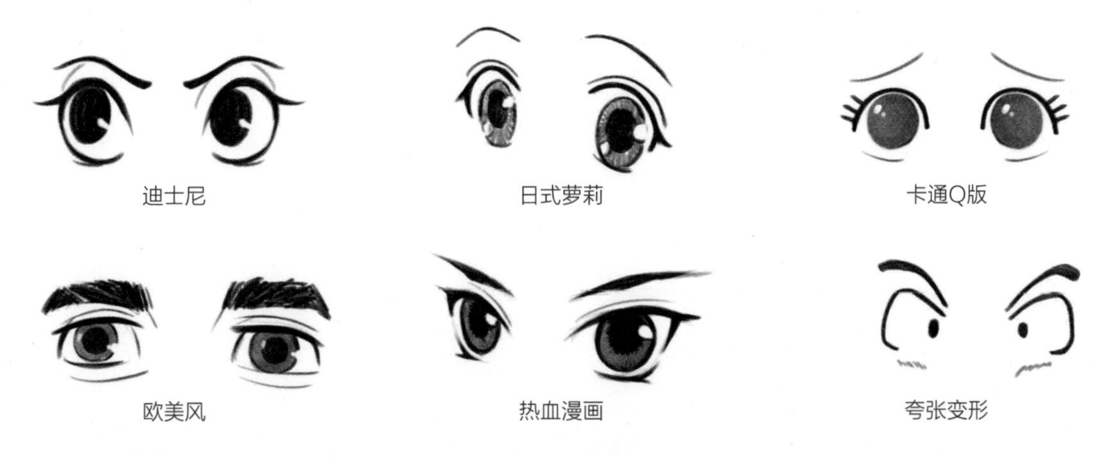

一般来说，在动漫人物中，眉毛与眼睛的组合变化能呈现出千变万化的人物表情特征。

2.2.6 鼻子的处理方法

鼻子在面部正中心，形状像梯形，从前额向下逐渐变宽，体积逐渐变大，鼻子由鼻根、鼻头、鼻翼、鼻背和鼻孔组成。鼻根与前额衔接，鼻子上端由鼻梁骨支撑，形成基本结构；鼻梁骨呈三角形，肌肉薄；下半部分由5种软骨组成。

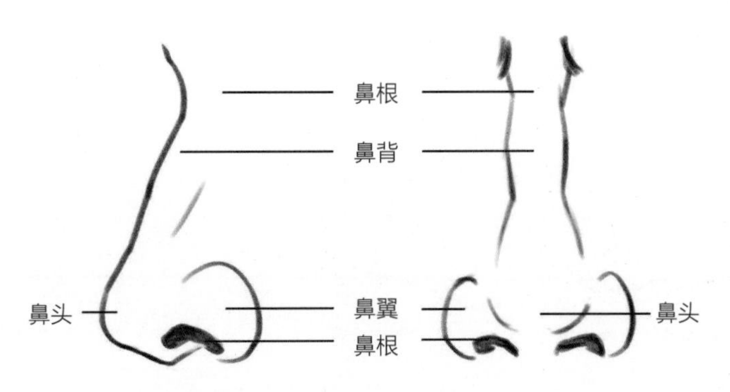

鼻骨高低受遗传影响最大，差别也最为明显。一般来说，欧美人鼻骨较高，鼻头类型也多样，有上翘的、平的、扁的、圆的等；鼻翼也有很多变化，有窄的、圆的、鼓的、三角形的等。因此，鼻子被分成多种类型，例如高鼻子、大鼻子、鹰钩鼻、蒜头鼻等。

在大多数情况下，动漫人物的鼻子结构会被简化，一般只略微交代一下鼻梁的形状和鼻孔的位置，有时甚至只用一条线概括。

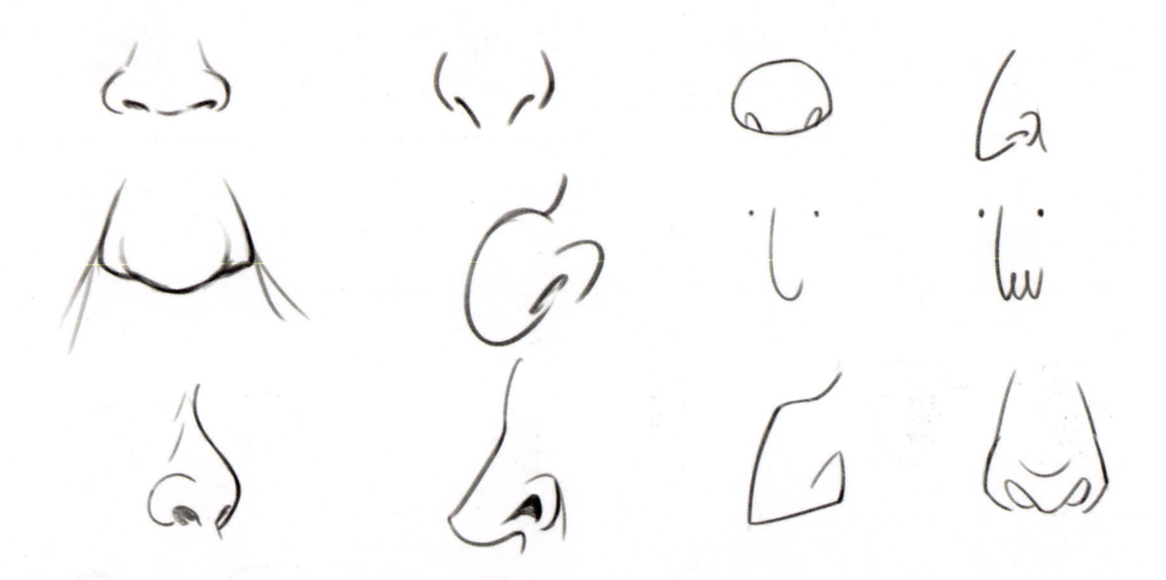

2.2.7 嘴唇的处理方法

嘴巴分为上唇、下唇、嘴角、人中，可以概括为6个面。

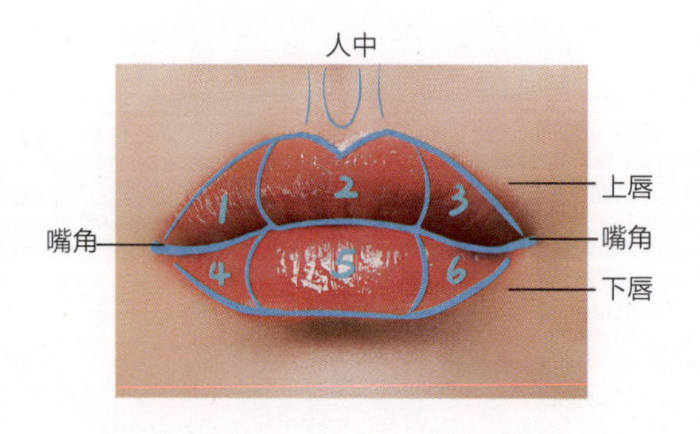

横向看嘴部是一个半圆柱体。在侧视图中，可以明显地看出嘴巴各部分不在同一个平面上，而且上唇和下唇之间存在一定的弧度。

 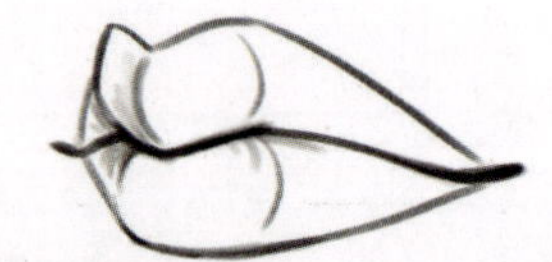 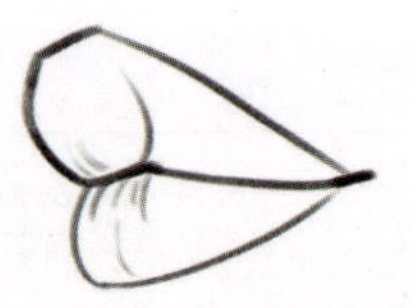

一般在动漫中，经常只用一条介于鼻子和下巴之间的线条来表示嘴巴。但是在画的时候要意识到嘴巴是可以开合的。同时嘴巴还是展现人物表情的一个很重要的因素。

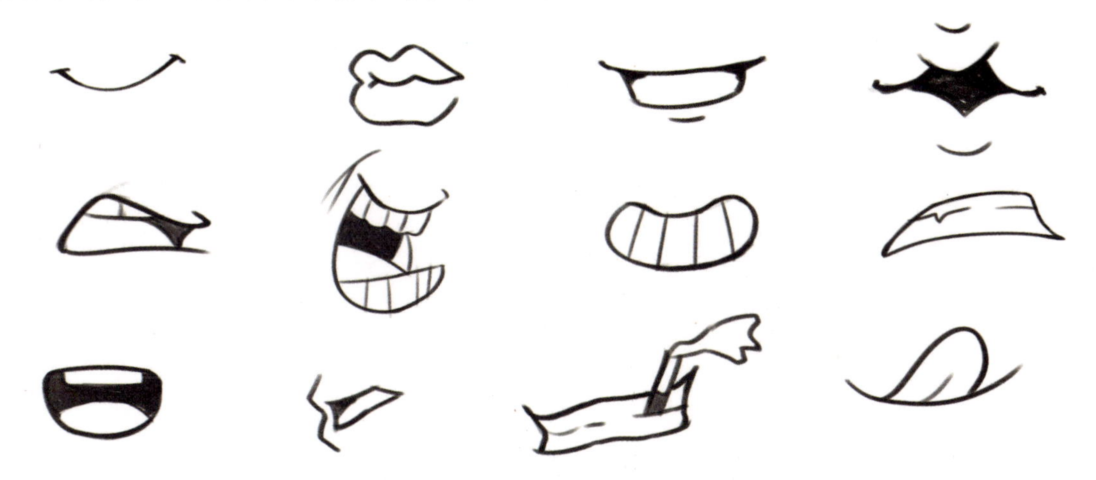

2.2.8 耳朵的处理方法

耳朵分为外耳、中耳、内耳和耳垂4个部分，一般从外面只能看到外耳。

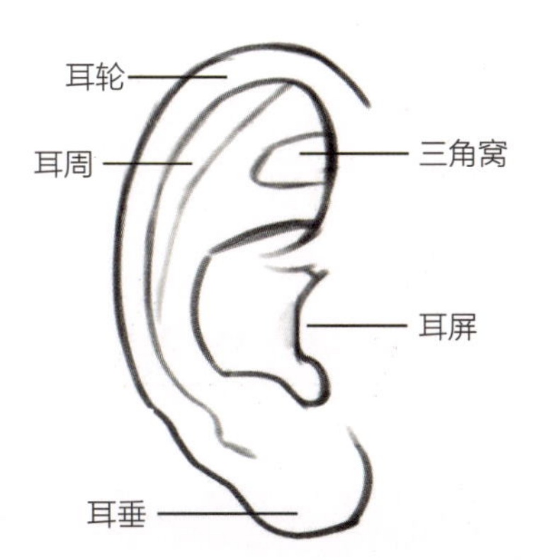

在卡通人物形象中，除非是动物形象设计，例如米老鼠、小飞象、Hello Kitty等，耳朵一般处于相对次要的位置，可以做简化和夸张变形处理，只要符合人物整体设定风格即可。

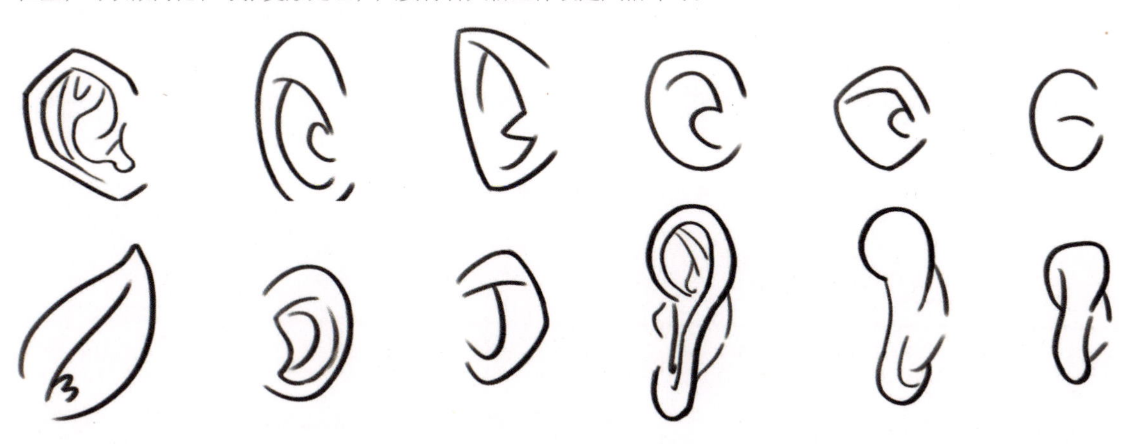

2.3 手部结构介绍

手部是人物的第二表情，画手几乎是所有插画师要克服的一个难点。因为手部结构复杂，手型灵活多变，这就要求我们对手部结构有一定的了解，并学会如何简化结构。

手部包括手腕、手掌、手指三部分。

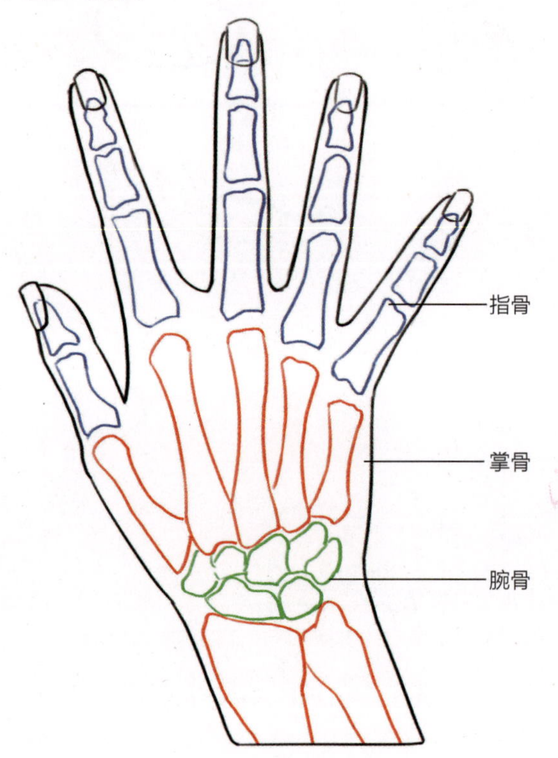

腕骨构成整个手腕的结构，由多块小骨组成，呈椭圆形结构，位于手掌和前臂之间，是连接手掌和前臂的关键转折部位。

掌骨由5根小骨组成，呈放射状，从腕骨处连接，前端连接着指骨。

指骨由指骨末节、指骨中节、指骨基节3个关节组成，但大拇指例外。它只有2个骨节，但其骨骼长度和其他手指的骨节是成比例的。

手的简化结构包括：前臂骨头（宽腕带形状）、手腕（椭圆形）、掌心（椭圆形）、拇指底座（呈椭圆形）、4个三段手指、1个双节拇指。

手指关节间会形成弧线，而中指的关节处则是弧线的最高点。这一弧线自下而上依次连接每一段指节，并且弧度越来越大，直到最后以指尖为连接点，总体形成一个扇形区域。记住关节之间的这种扇形区域非常重要，无论每个手指的姿势如何，它都会影响手的外观。

手的整个简化结构线如下图所示。

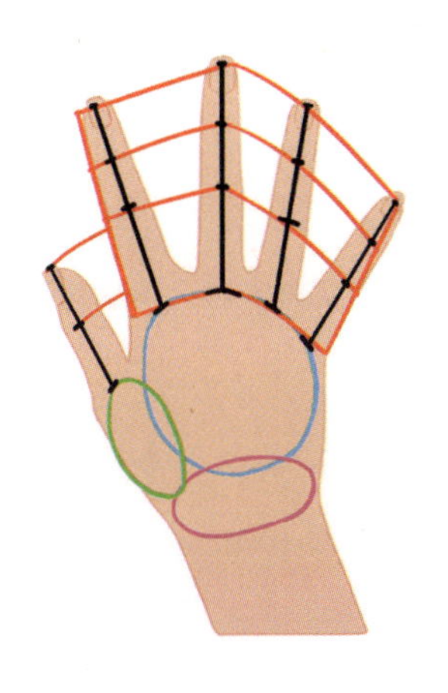

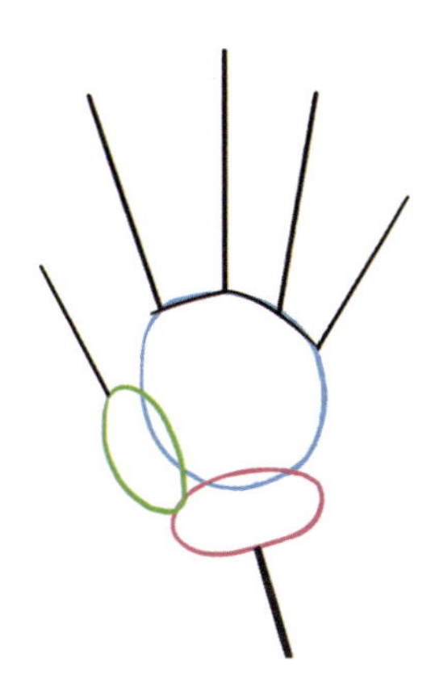

如果以放松的方式将手放在平坦的表面上，只有小手指和大拇指能够完全自然贴合在平面上，而其他手指则因为自然弯曲而呈半悬空状态。除非故意伸展手指，否则手掌并不是在同一个平面上的。

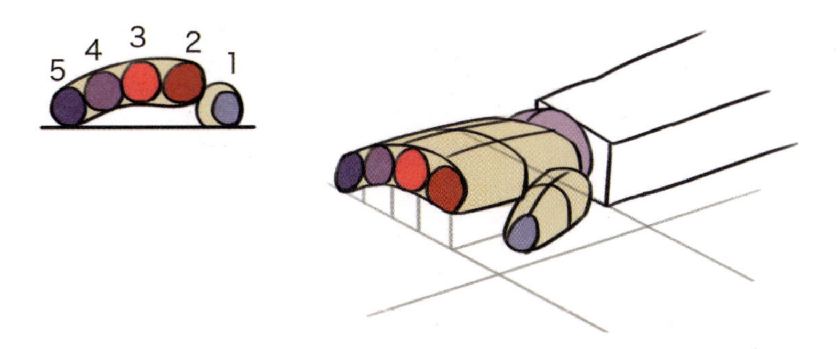

无论是什么样的姿势，只要灵活地运用简化结构线就能找到画手的基本规律。

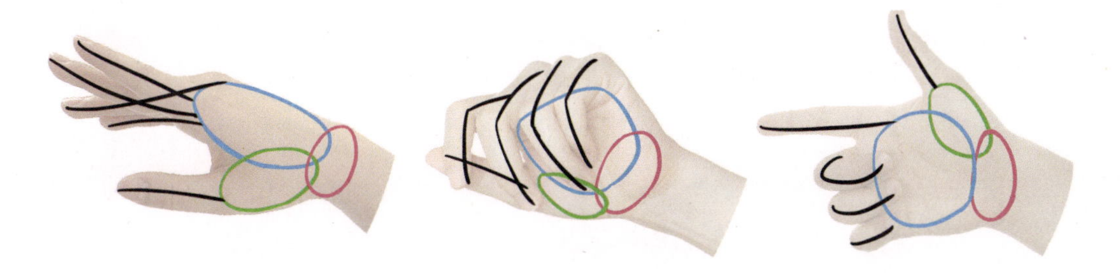

一般为了符合角色特征，在画手时会进行风格化处理，而不是完全写实。例如，迪士尼动画中的很多角色会被完全忽略骨骼感，他们的手指很粗大、圆润，并且具有弹性。法式卡通角色经常会显得棱角分明，用“方”来代替“圆”。欧美漫画中经常会对指尖部分进行夸大，显得很有力道和肌肉感，中国动画则注重线条的流畅和穿插。

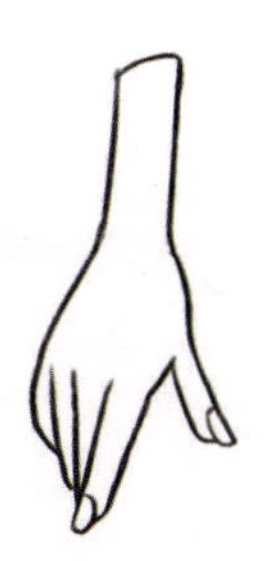

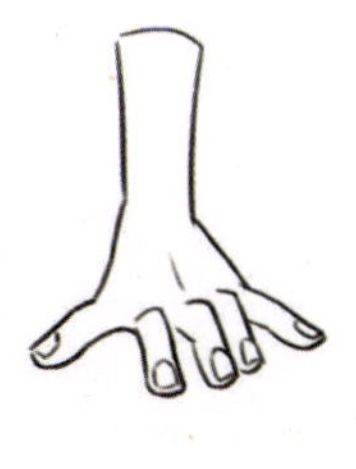

2.4 人物基本动态设定

对人体结构有了一定的了解之后，可以运用这些知识练习刻画不同角度和动作的人物，来强化对人体的记忆，这样才能在以后的创作中更加娴熟。

人物最基本的动作分别是站姿、坐姿、蹲姿和走姿。

2.4.1 站姿

站姿在绘画中是出现次数最多、最基础、最简单的一种动作，动作的变化主要通过身体重心的转移或者手臂的摆动体现出来。

绘制人物动作时遇到的最大挑战之一，就是和“呆板僵硬”做斗争，这种挑战在绘制站姿时表现最为突出。

理解“玻璃人体结构”对于画人物动作尤其重要。观察一个长时间自然站立于同一位置的人，就会注意到人总是会不停地把重心从一条腿转移到另一条腿上，而不是像站军姿一样昂首挺胸，站得笔直。这是因为人体要对地球的引力不断做出反应，为了避免站立的疲劳，人们会对身体重心进行调整，所以人们的体态会呈现出“S”形的曲线走向。

画站姿的时候，不管角色的动作是什么样的，首先需要判断人物的重心所在，这样画出的身体才会看起来协调与平衡。人在站立的时候身体并非直挺的，脊柱为一道曲线；在画非对称性的姿势时，则要注意哪条腿是承重的。

2.4.2 坐姿

人物的坐姿比站姿多了一些难度，更能体现出插画师的常规造型能力。要注意人物的动势变化，这主要体现在头、肩、胸、臀、腿之间的方向转变和前后关系。

当人物坐着时，身体的大部分重量都由尾骨来承载，这些姿势几乎都是遵循“C”形曲线来构建的。

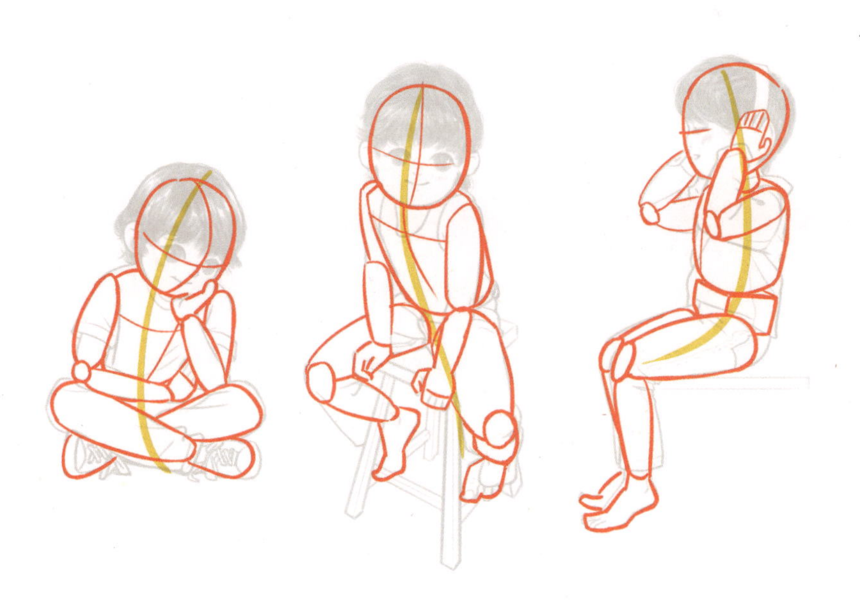

2.4.3 蹲姿

在画蹲姿人物时，要注意人物的“动态线”。如果蹲姿画不好，就很容易画出“整个人挤成一团”的状态。尤其是头部与肩部、躯干与腰部、四肢等大的动态和比例关系，需要特别注意协调性，尽量做到伸展自如。

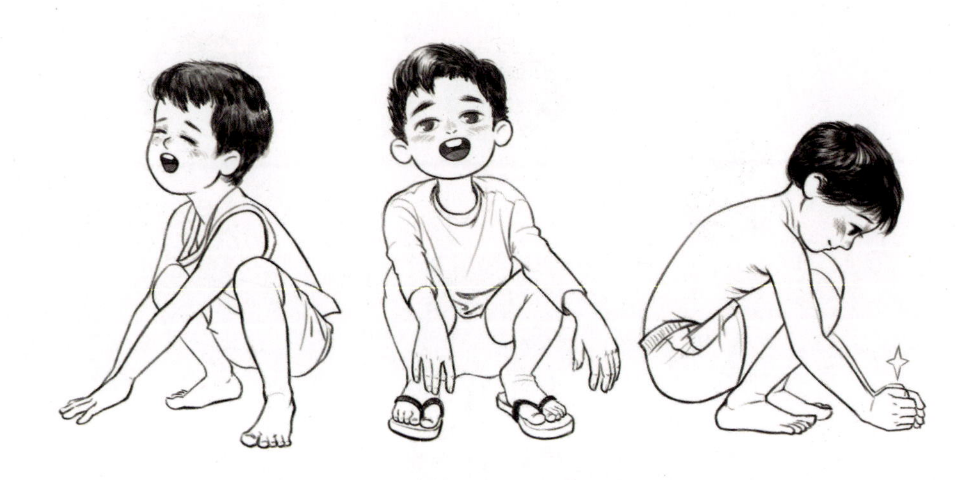

当人蹲下时，重心下沉到身体的下方，双腿承载着人物的大部分体重，人体动势要遵循“C”形曲线来构建。

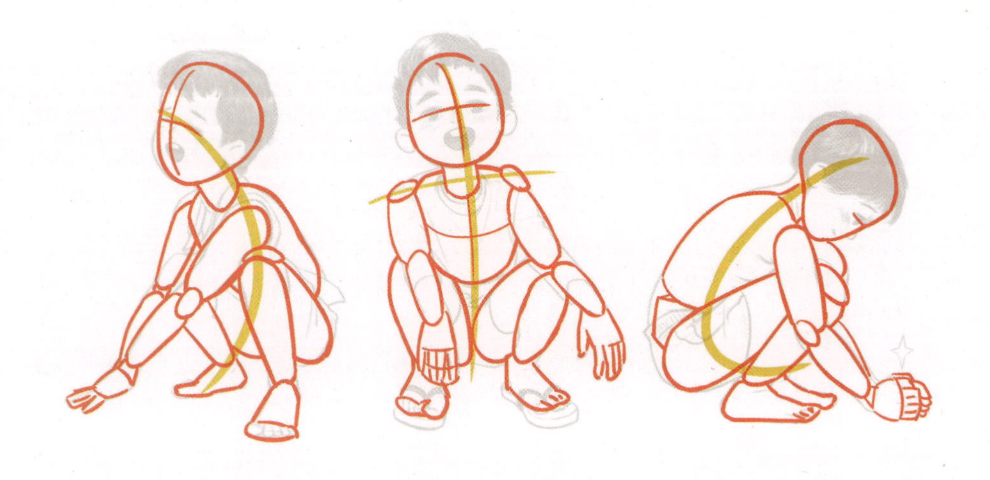

2.4.4 走路姿

人物走姿最关键的特征就是手臂和腿的反向动作。一条腿朝前伸，身体对侧的手臂也朝前伸，这就形成了反向动作，而不是同手同脚。所以，当人在走路时，核心部位和髋部呈一种扭转状态，肩部和髋部交替起落。

在绘制走姿时，要充分利用平衡线。承受人体重量的腿带动同一侧的髋部抬高，同时，身体对侧的肩膀抬高，与之抵消，构成平衡。

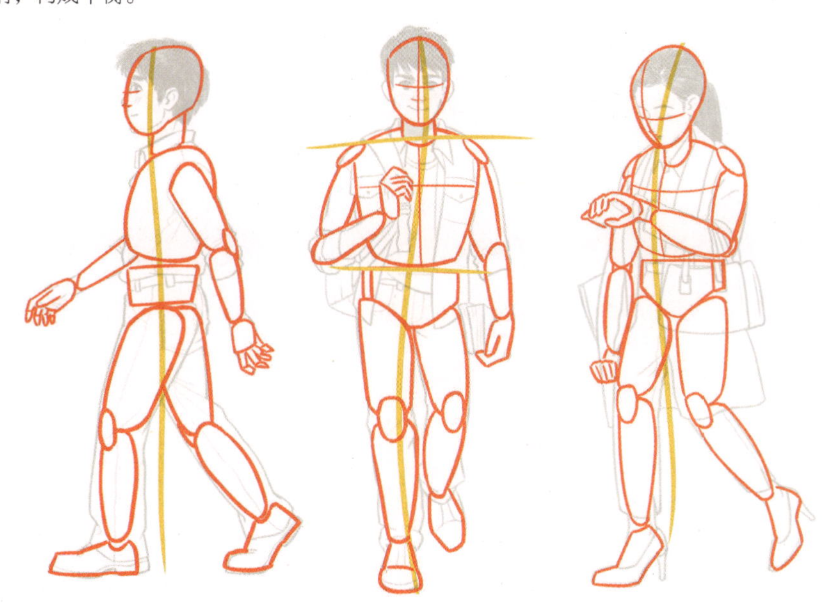

要想掌握人体动态的绘制，首先，要了解大致的人体结构，不同部位的衔接及前后关系，这样画出来的人物才经得起推敲。其次，一定要勤加练习，在保证结构正确的前提下，使动作不显得呆板、僵硬。灵活地运用各种原理，才能对人物动态了如指掌。

本章总结

1. 我们可以把人体简化为一个机器人，这个机器人是由“三腔”和“四肢”组成的。

2. 随着年龄的增长，人体的头身比例会逐渐发生变化，理想的完美比例是8头身。如果不是写实绘画，需要对人体比例进行主观处理。

3. 不同的五官组合能呈现出千变万化的人物表情特征，但是我们要理解基本的五官结构。

4. 记住手部简化结构线和关节间的扇形区域，能帮助我们绘制复杂多变的手部动作。

5. 要想掌握人体动态的绘制，首先要了解大致的人体结构，其次要结合原理勤加练习。

小作业

设计一个人物角色，并绘制角色的各种表情和动作，可以借助木偶模型理解结构。在设计人物的表情时，可以照镜子自己做表情，将表情画出来；当设计人物动作时，可以用木偶摆出动作或者自己摆出动作，也可以找参照物来画。

Chapter 03

人物插画绘制入门

3.1 透视与构图

3.1.1 了解透视的基本原理

观察埃及壁画，会发现人物都是扁平的，而且都是侧脸正身，而真实的人类形体则无法扭曲成这样，因为那时人们并没有研究透视的问题。

透视，指在平面或曲面上描绘物体的空间关系的方法或技术。透视有很多种类型，大家只要了解以下3种就足够了。

1. 一点透视

如下图所示，这是一条火车道，为什么明明是平行的两条轨道，最终会交汇到一点呢？

低头看一下自己的双脚，这时我们的视野一般只有1米的宽度，但是抬头向远处看，视野可以扩大到几十米甚至几百米，这时就出现了“近大远小”的视觉差异。

离我们越近的物体，看着越大、越高、越宽，看起来更加真实。

离我们越远的物体，看着越小、越矮、越窄，看起来更加模糊。

当看向轨道远处的时候，必须得抬头将视线抬高，所以原本平行的两条线和处于平行线上的所有元素最终都变成了一个点，直到消失，这时画面中就出现了一个消失点，这就是人们常说的一点透视。

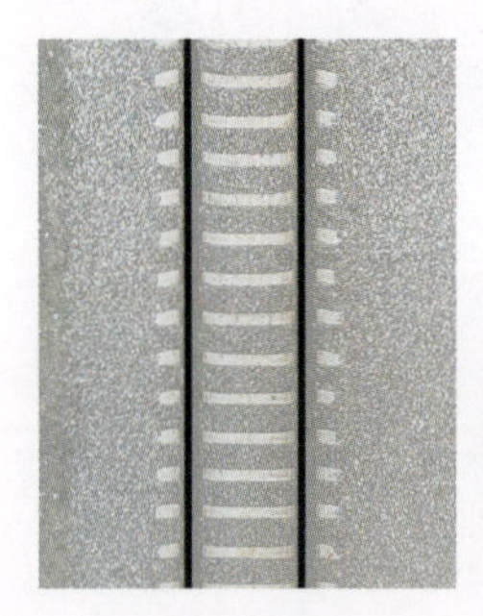

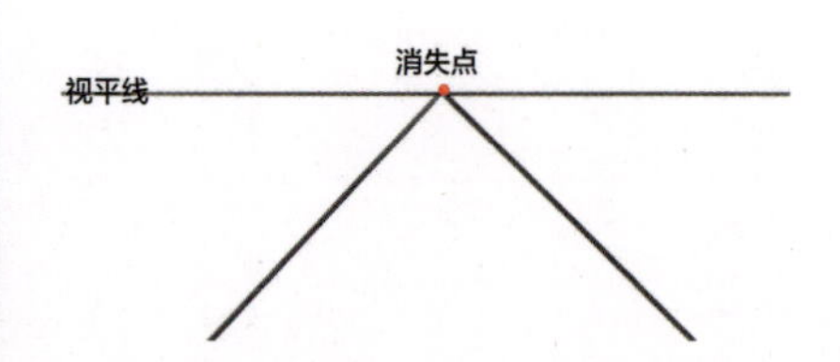

2. 两点透视

从一个侧面角度观看场景或事物，如下面这个长方体，可以发现这个长方体出现了左、右两组平行线，两组平行线各自交汇时，分别会产生一个消失点，这就是两点透视。

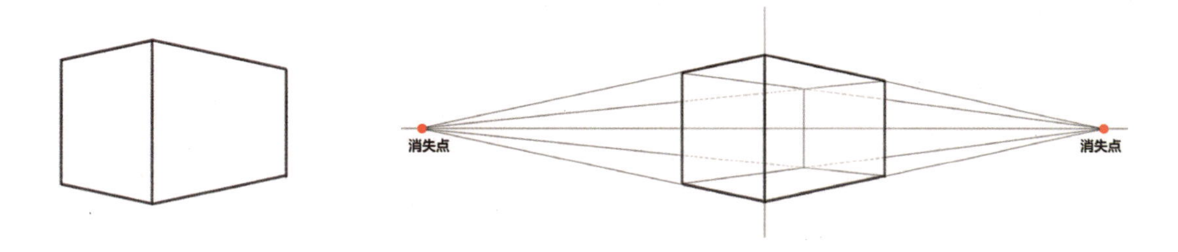

3. 三点透视

当我们站在高处向下俯视或者站在低处向上仰视一个物体时，我们的视平线高度发生了变化，从而产生了3组平行线。这3组平行线形成了3个消失点，这就是三点透视。

了解了以上3种透视的基本概念，来看下图右侧这个几何体。

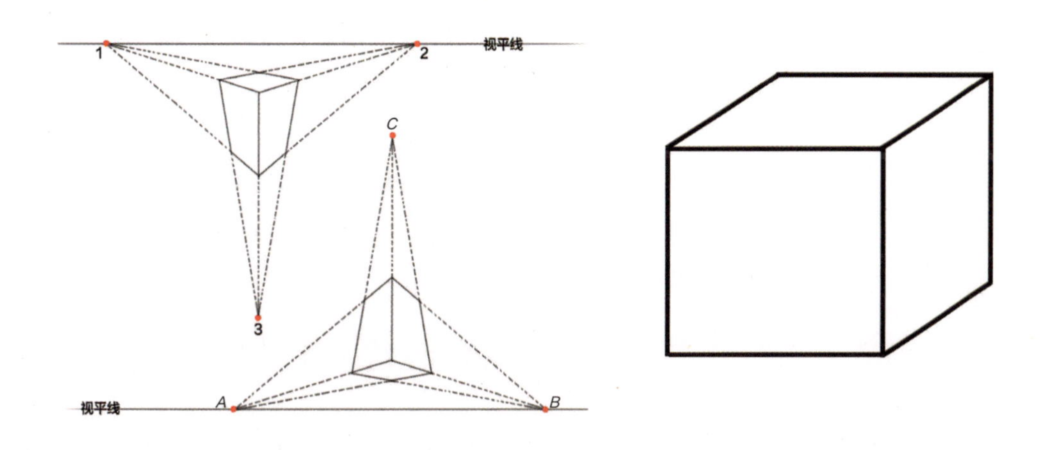

这个几何体看上去似乎没有什么问题，但是为什么感觉还是平面的，没有产生三维空间感呢？这时可以用透视法来检测和修改。

将斜角的3根线条延长，很明显，这3条线是3条平行线，在透视中它们不能相交于一个交点上。只有当3条线最终能消失在视平线的一个点上时，才会产生透视感，使之形成一种三维空间感。

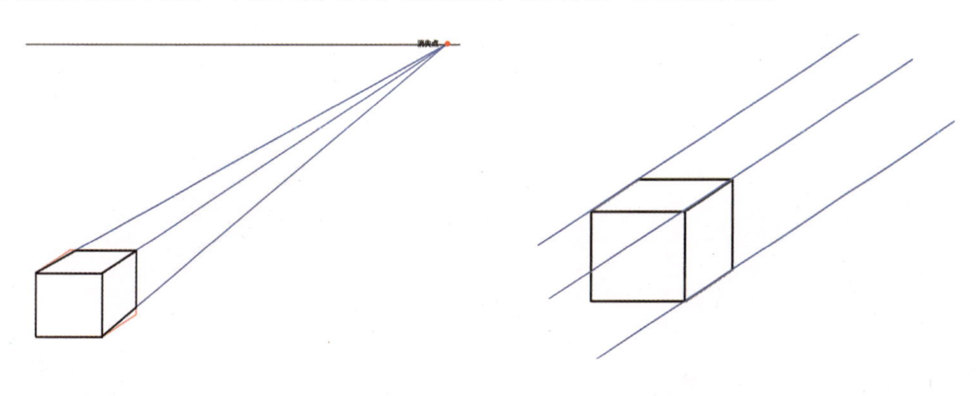

3.1.2 构图的技巧

构图是画一张画的第一步，也可以说是打草稿，草稿承载了我们最初各种灵感的尝试和修改。有时我们会做出很多版本的构图，最终选择自己最喜欢或者最合适的构图。虽然构图形式千变万化，但是也有一定的基本规律可循。

1. 在长方体里绘制人物

当绘制人物半身或者全身肖像时，可以在最常规的长方体里绘制。

前面讲到的透视关系能在长方体里表现得最直观，即使转换到复杂的人物结构，也同样需要符合透视原理，这样才不会使得人物的比例看起来奇怪。比如，上图是一个3/4侧面的人物肖像，那么五官在空间中的透视关系完全可以参考两点透视原理。当从俯视或者仰视的角度描绘某个姿势时，特别是当这个姿势与平面垂直时，这样的方法尤其有用。

下面的两个长方体都是按照三点透视原理绘制的。在这样的长方体里画人物，除了能保证人体符合透视规律的正确比例，还可以帮助凸显人物下方地面的角度，从而有助于确定脚部的位置。

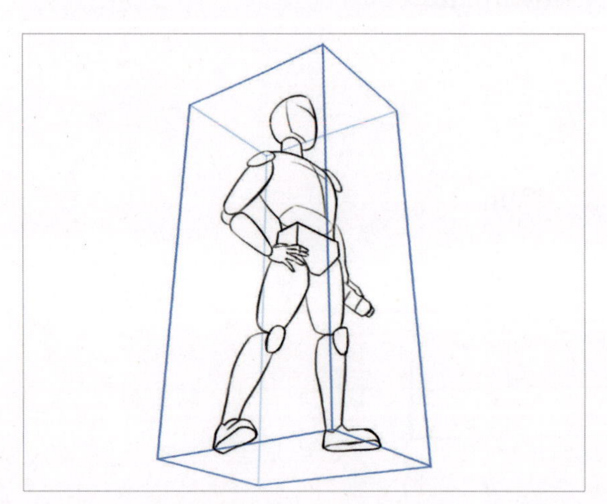

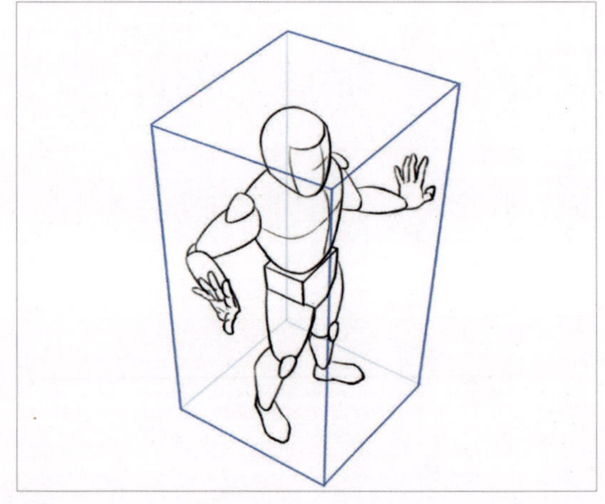

2. 在场景中利用透视网格线

在画场景时，其实是把一个空间呈现在平面的纸上或者计算机屏幕上，透视网格线是打造三维空间的必要工具，它能够帮助我们根据透视规律在画面中展现物体。

透视网格线就是基于3种基本透视原理，在画框内用线条排列出来的网格。

下面介绍3种透视网格线的绘制。

（1）一点透视。

确定画面中的视平线和消失点。

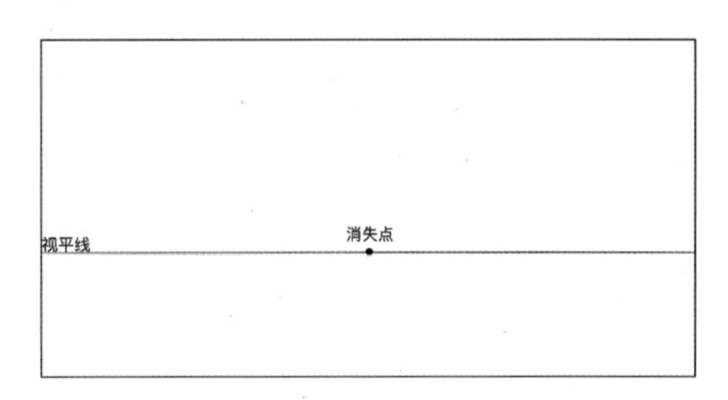

从消失点向前景处画出延伸线条，位于图像正前方的线条间距最宽，延伸线越靠近消失点，线条间距越窄。

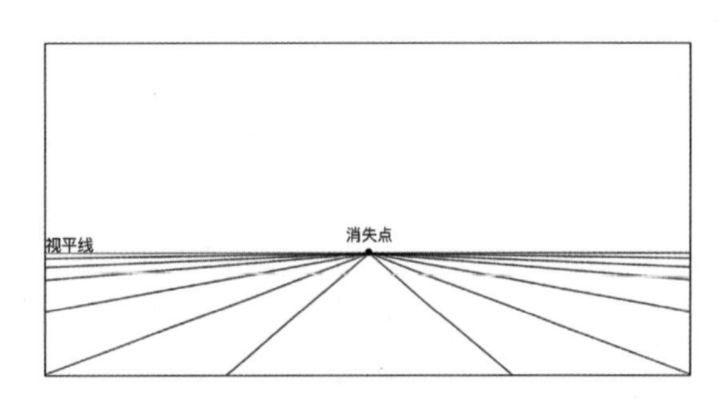

添加交叉平行线，完成网格。平行线离视平线越近，线条间距越窄。

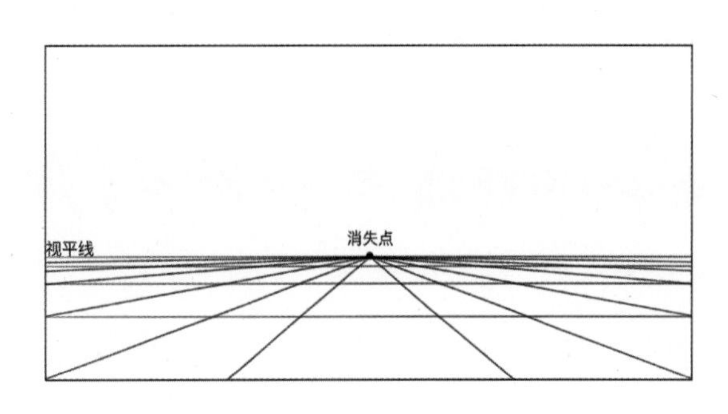

可以把水平线上下的网格线都画出来。

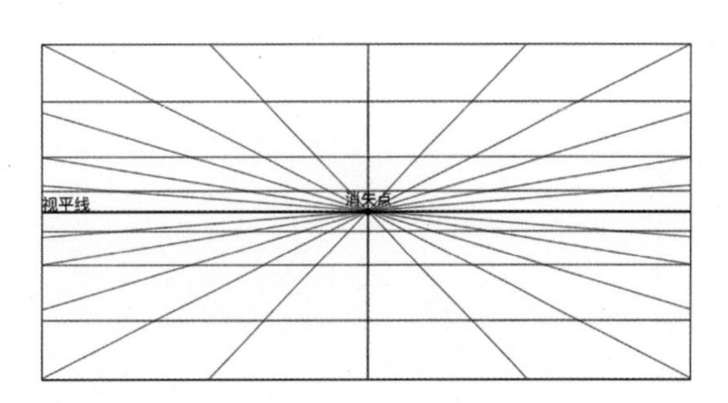

（2）两点透视。

在视平线上画两个消失点，在两点之间留出合适的距离，并将它们置于画框之外。

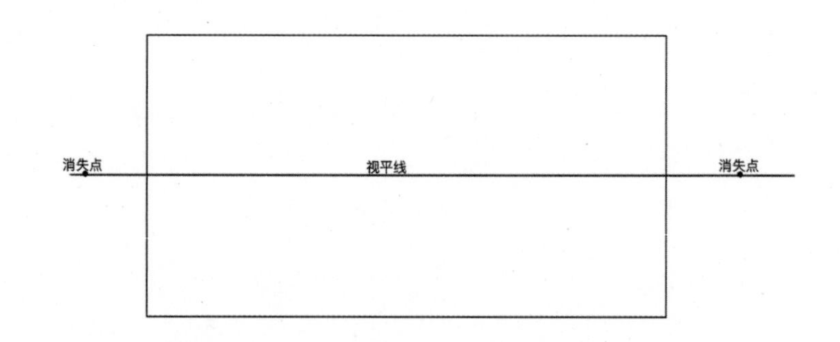

以两个消失点为中心，画出延伸网格线，甚至越过画框边缘，越靠近视平线的延伸线间距越窄。

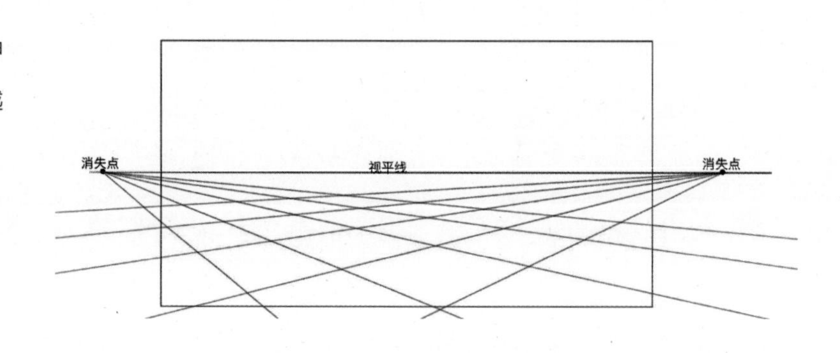

（3）三点透视。

以俯视角度为例。和两点透视类似，画出水平线以下的网格线，由于在水平线上的左右消失点距离画框非常远，一般不画出来，但是要做到心里有数。

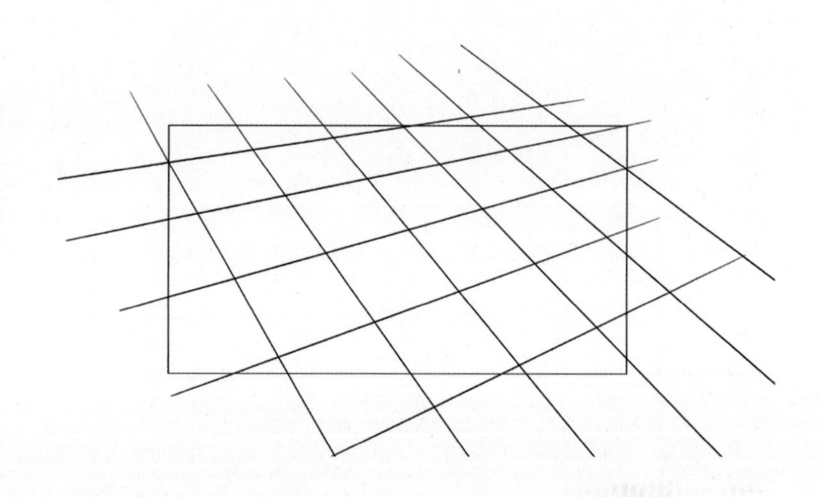

画出垂直方向的透视网格线。第三个消失点也远远低于水平线，所以一般也不画出来，但是要明白透视的缩减。

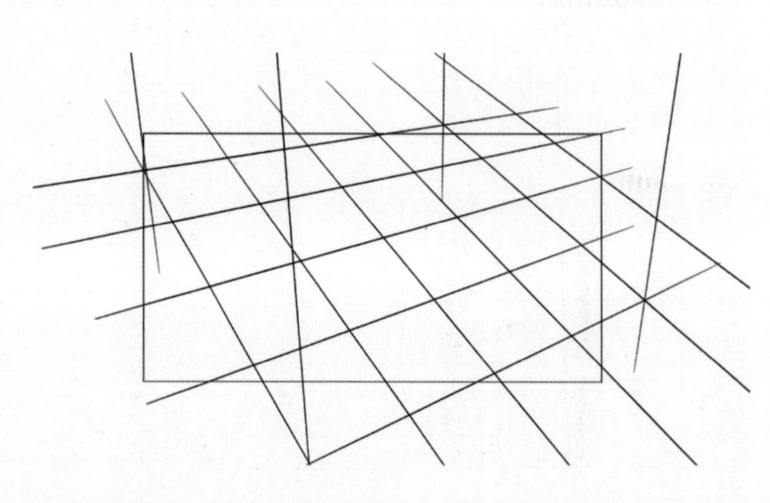

以长方体为例，试着在透视网格线中填充画面内容。长方体的每条边并不一定都跟透视网格线重合，但已有的透视网格线却能作为很好的参考。

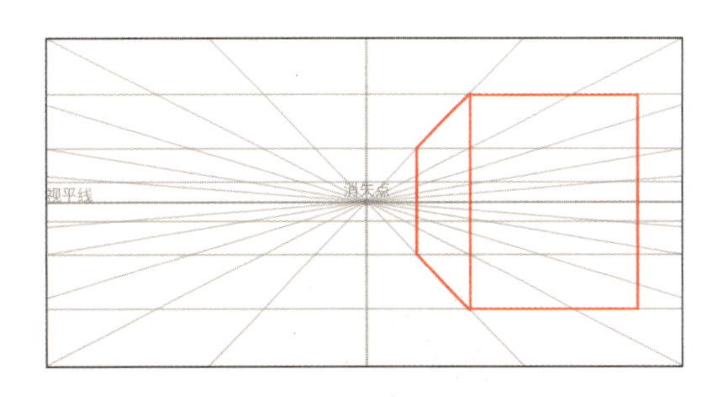

以上便是从透视角度考虑构图的，只有掌握了最基本的原理，我们才能更深入地研究构图。

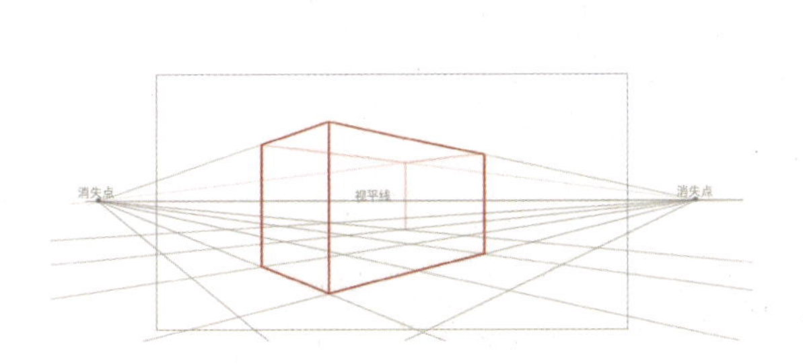

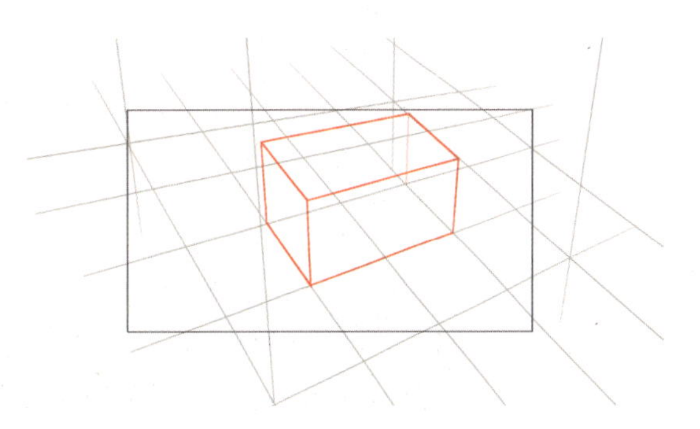

3. 布局画面的主体，分配物体的位置组合

除了保持透视关系正确，我们还需要在美学上掌握一些常见构图知识。

一幅画通常会有一个主体，也就是人们所说的视觉中心。插画师需要在构图上进行主观的艺术处理，来引导观者将视线聚焦到主体上。

带人物的场景画面，通常来说主体是人物，也就是画面中的主角。虽然可以通过颜色对比或者虚实变化进行处理，但是把主角放在画面中的什么位置，同样是插画师在构图阶段需要仔细考量的。

很多大师的作品都把视觉中心安排在画面的黄金分割点上。黄金比例是一种数学上的比例关系，具有严格的比例性、艺术性、和谐性，蕴藏着丰富的美学价值，应用时一般取1：0.618，采用这一比值能够让人们感觉舒适。

这幅画中所有的主体似乎都位于焦点上，但是中心其实并没有太多东西，这就是“三分法”一个非常经典的构图示例。

三分法构图是指把画面横竖分成3份，就如同书写“井”字，这样就可以得到4个交叉点。这4个交叉点即画面的视觉中心，每一个视觉中心都可以放置主体。

其实构图就是艺术的一种“语法”，根据对立统一原则，利用矛盾，制造矛盾，然后统一矛盾。“语法”正确才能画出和谐美观的作品，并把作者的意图传递给观者。下面从大师的作品中学习一些常见的构图“语法”，从而应用到自己的作品中。

（1）水平线构图。

一般用来表现大全景，体现大自然的广阔，比如山川、湖海、平原等。

（2）垂直线构图。

垂直线构图会给人一种强烈的紧张感，多条垂直线并立会产生节奏感，一般在画高大的树丛或者城市林立的高楼时，会用到这种构图。

（3）十字形构图。

十字形构图其实就是水平线和垂直线的特殊组合，会给人一种平静、庄严的稳定感，在宗教题材中经常用到这种构图。

（4）对角线构图

对角线构图利用的是一条稳定的斜线，也是画布中隐藏起来的基准线。

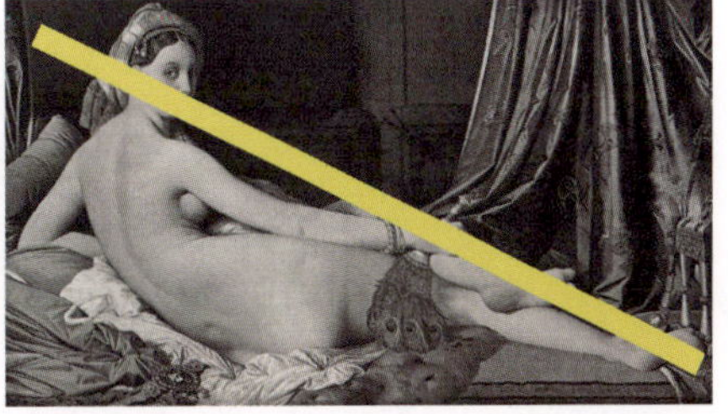

（5）三角形构图。

三角形构图是最稳定、最安全的构图，就像金字塔一样让画面显得沉稳并有庄严感。在古典油画中，很多人物肖像会用到三角形构图。

但是中空三角形构图能结合三角形的稳定感和中空带来的轻快感，让画面不显得太古板。

（6）S形构图。

S形具有曲线的迂回延伸感，能够把画面中的元素串联起来，使其融洽自然，也会使画面具有韵律感。

（7）包围型构图。

被墙壁或者树木、草丛等包围形成的封闭空间，可以营造一种私密性的安全感，也会产生一种封闭的窒息感。

（8）X形构图。

由近及远，人物会越来越小，最终变成一点，视线由四周引向中心。X形构图其实是前面讲到的运用一点透视的一种构图方式，这种构图非常适合表现画面的空间感。

构图的方法还有很多种，以上示例并不都是单独使用某一种构图的，很多大师的作品往往会综合运用多种构图法。构图是一幅画的基底，我们也需要在平时多观察，总结构图的方法和技巧，在开始画一幅画之前，可以多画一些小草稿来练习不同的构图。

3.2 灵感的来源

3.1.1 多看优秀的画作

古人说："不积跬步，无以至千里；不积小流，无以成江海。"虽说灵感往往来自内心一种突然的想法，具有随机性和偶然性，但是这种随机性和偶然性也来自于我们平时的积累、经验、阅历等。

梵高就是一个不断学习优秀作品、即时充电、自我革新的代表人物。梵高的作品造型独特、大胆，色彩明亮、鲜艳。但这其实是他不断从优秀作品中学习技法，不断提高自己的审美修养，不断尝试、练习得来的。梵高的绘画生涯虽然短暂，但是他却一直在不断地吸收别人优秀作品的营养，转化为自己作品中旺盛的生命力。

纽南时期梵高深受米勒的影响，在他心中，米勒是天才一般的偶像。这时期他的作品颜色晦暗、深沉，捕捉着散发出乡土气息的农民的简朴生活。

巴黎时期梵高深受印象派画家的影响，例如修拉、马奈、高更等。他虚心学习，真诚探讨，绘画风格彻底转变。色彩变得鲜艳、明亮，笔法和技巧也突飞猛进。在欣赏过修拉的《大碗岛的星期天下午》后，梵高开始学习"点彩画法"，这时期梵高的代表作是《戴草帽的自画像》，从中可以看到松动的笔触、强烈的色彩对比，这些是在纽南时期很少看到的。

这时期梵高和许多印象派画家一样，深深迷恋日本浮世绘作品，他临摹了许多浮世绘作品，从中发现了新的灵感源泉。《唐吉老爹》中用来做背景的都是浮世绘。

在阿尔时期，梵高已经进入了如饥似渴的创作的巅峰时期。这时期有段时间他与高更同住，一起探讨艺术，享受绘画，并创作了最负盛名的系列作品《向日葵》。在圣雷米时期，梵高近乎疯狂地绘画，已经创造出自己独特的风格。《星月夜》打破了常规的思维模式，他看到的夜空挂着奇特的月亮、星星和幻想出来的彗星，好像陷入了一片黄色和蓝色的旋涡之中。

由此可见，成为大师并不是一蹴而就的。如果想成为一名优秀的插画师，一定要多看优秀的作品，不管是油画、国画，还是插画、CG、漫画……我们要以接纳的心态来丰富自己的眼界，海纳百川，博采众长。

或许一开始可能是先学习优秀作品所使用的技法。比如，怎么处理头发的转折、怎么刻画眼神的深度、怎么塑造人物的体积感等。慢慢地，我们会关注画面整体氛围的营造。比如，配色是怎么呈现出和谐感的、光影是怎么显得和谐统一的、人物是怎么和场景搭配的。最终，我们会感受到画面的故事性和艺术性。一幅好的作品往往在各方面都有值得我们研究、学习的地方，所以很多前人的作品经过多年的时间考验仍旧流传至今，还散发着无限的魅力。

3.2.2 建立自己的素材库

现在网络非常发达，在网上就能浏览自己喜欢的艺术家的作品，此外，还有许多素材网站，例如Pinterest、behance、花瓣等。经常浏览这些网站，可以开阔我们的眼界。遇到喜欢的作品，要有收集、分门别类保存的习惯，建立自己的素材库，这样便于我们研究、参考和学习。

我们平时看到的东西可能并不是非常具有指向性的，有可能比较庞杂，可以从宏观角度入手，按大的门类分类。这些文件夹就是用来开阔视野、提高审美水平的。

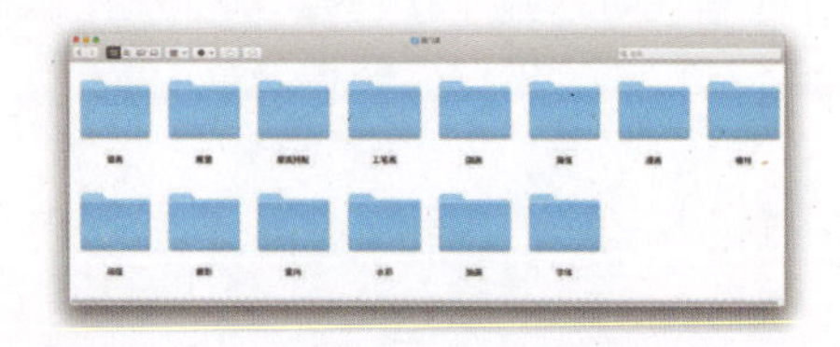

从风格上来说，可以用艺术家的名称来分类，比如一个艺术家就是一个文件夹。这些文件夹里保存的作品就是用来在专业领域研究、学习和临摹的。

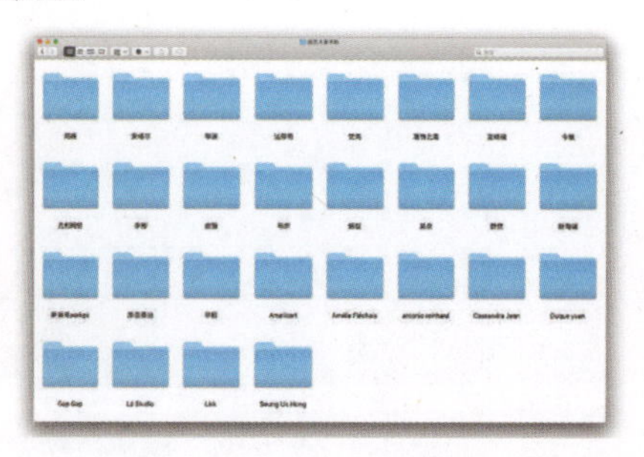

从实用角度来看，可以积累不同的素材，这样在自己画的时候可以解决自己的问题。

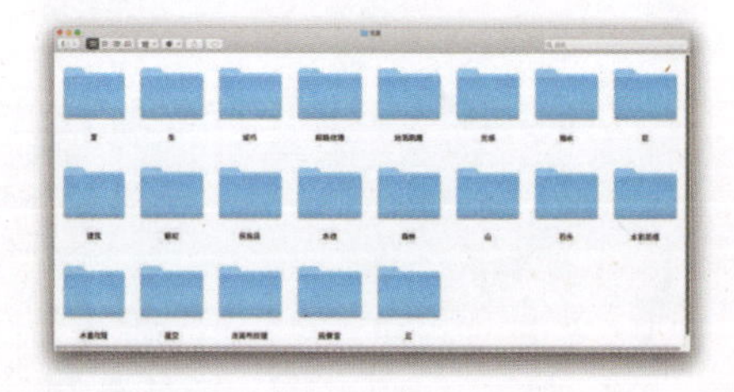

从针对性上说，比如要做一个系列型作品，会花很长时间去收集相关的图片资料，专门为这个创作做许多前期工作。例如，我在做毕业创作时就有这样一个文件素材库（下图）。

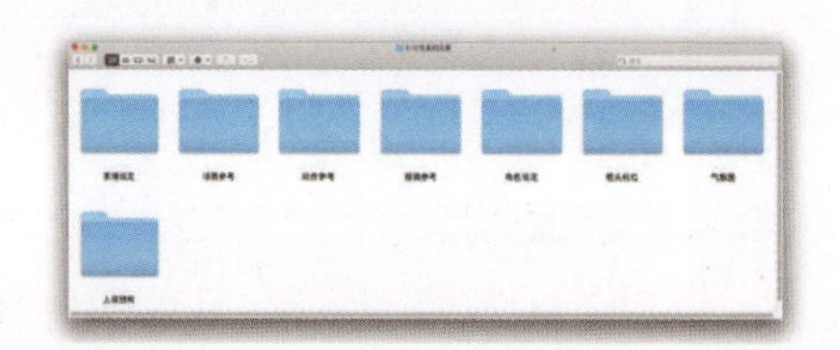

总之，每个人因为兴趣喜好不同，平时看的东西也都不太一样，所以建立一套属于自己的素材库，是插画师在插画绘制的路上走得更远的必要保障。

3.3 临摹

刚开始学习画画的人通过临摹能够学习到很多基础知识，比如构图、色彩等，这些可以为自己进行原创绘画打下基础。

临摹有助于更好地感知作品，当自己动手一笔一画地学习优秀作品的时候，不仅在技法上能使自己快速前进，而且能体验更多的眼睛所不能及的“地方”，这些地方能使我们跨越图像和时间，同艺术家本人“沟通”，然后汲取。

自己在脑子中想象的图，需要一次次不停地尝试、修改，这个修改的过程是很重要的，不要害怕修改。想到什么东西就想象画在纸上应该以什么步骤完成。在绘画进阶的过程中，临摹练习一直被看作绘画新手们踏入绘画世界的第一步。

在临摹前也要避免走入一些误区。有的人喜欢在原画之上新建一个图层，然后在原画上进行描画。插画的临摹不同于书法“描红”，如果真的想学习绘画，这种方法是非常不可取的！这样没有办法从中学到什么，因为这只是在描稿。在描稿的时候可能并没有自己的想法，并不是临摹了这幅画就代表你能画出一模一样的画来，只是在临摹时至少能尝试站在原作者的角度去思考为什么这么画，如果只是机械地描稿，就不会思考为什么这么画。

我们要从临摹中学会人物造型、背景设计和颜色搭配。

3.3.1 入门最直接的方式——对临

有些动作或透视关系很难在现实中遇见，或者自己想象出来。在临摹中应该学习优秀作品中的绘画技巧，熟练以后再慢慢加入自己的创意，最后得到自己的原创作品。

我常用的方法就是打开一个临摹文件，在软件中同时打开原图和新建的临摹文件，把原图放在旁边，不要让原图和画稿有任何直接的联系，比如复制到自己的文件中作为背景，精确原图坐标，达到百分之百一致。首先从草图一步一步地理清步骤，从整体入手，不要一开始就纠结于某个细节像不像。

刚开始画的时候可能觉得有些费劲，但是在坐标上描图也很费劲。在吸取颜色的时候，可以关注原作的色值区域，学习色彩的搭配。

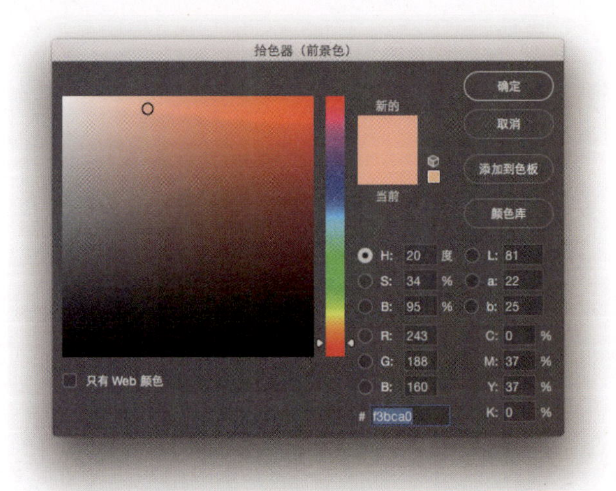

说到底，人类的很多技能都是从模仿开始的。那么，为什么有人可以培养出自己的独特性和价值体系，有人就只能随波逐流、人云亦云呢？其实，模仿只是知识的输入过程，而创作则是输出过程，关键在于你是否能将输入的知识通过思考和“咀嚼”，内化成自己能力的一部分。

3.3.2 积累型临摹——画照片

当临摹了一段时间之后，对基本的形体、结构、步骤、技法都有了初步的沉淀，可以做画照片的练习。我们将其称为积累型临摹，即尽可能地往大脑里存储好东西，为以后的原创积累素材。

积累型临摹具体怎么操作呢？一种是当看到一组美图、杂志画册或者摄影照片时，觉得有意思就当成速写素材画下来。

比如，有的人清楚自己想画什么，但是画不出来，即使勉强画出来了，也是“不堪入目”的。这种情况，究其本质，就是眼高手低。画画要学的基础知识很多，包括人体、透视、色彩、构图等。对于新手来说，这些犹如一座座大山横在学习的道路上，如果想要画出一幅优秀的作品，就必须翻过这些“大山”。通过积累型临摹能迅速提高我们的概括总结能力。

需要注意的是，这种临摹方法毕竟是跑马观花式的，有一定的局限性，更适合人体姿势、空间构图、服饰装备设计、角色个性设计等偏感性内容的积累。实际上，积累性临摹就是为了帮助大家通过速写领悟照片的大感觉，培养审美意识。

第二种是“伪原创”。当基础问题解决得差不多的时候，就可以试着在画画时加入自己的想法，做一些改动。注意，不是说基础问题一定要100%解决才可以进行这一步，在合适的时候，大可齐头并行。

这个阶段不是像速写一样快速勾勒，也不是照着照片一模一样复刻出来，而是有的放矢地加入自己的想法，从形体上渐渐开始做一些形变和夸张。例如，从真人造型转向卡通造型。同时，也可以在原型的基础上做一些小变化，比如改变人物的姿势、服饰细节的设计等。

这张照片的主体是一个拿着花的酷酷的小女孩。当我们拿到照片时，头脑里要想象一下最终需要呈现出来的效果，有一个大概印象，这样画起来才会得心应手。

从正常比例来看，以头部为参考单位，小女孩的身体大概是5.25头长，了解了正常的身体比例，后续对掌握卡通化的造型比例会很有帮助。

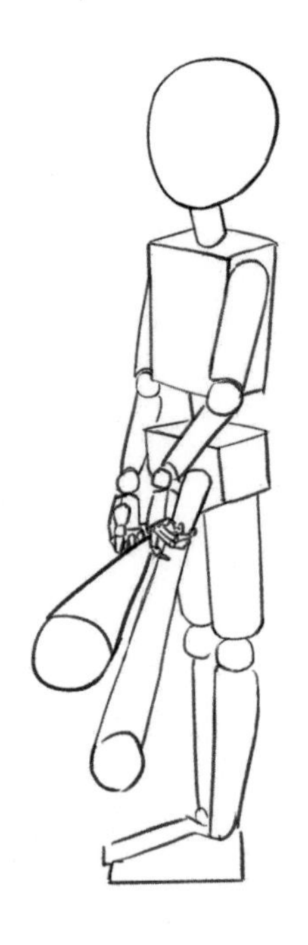

从结构上讲，可以把身体的各个部分概括为各种几何体，不要局限于表面缠绕的头发或者身上的服饰，要理解内里各部分的转折点。我们可以把头部看成围绕颈部这个圆柱体进行旋转的球体；可以把每个关节看作一个能够滚动的球体，操控着手和腿部的运动。这张照片的动态相对比较简单，只要理解了基本的内在结构，即使以后遇到比较复杂的形体动作，也可以用同样的方法来解决形体问题。

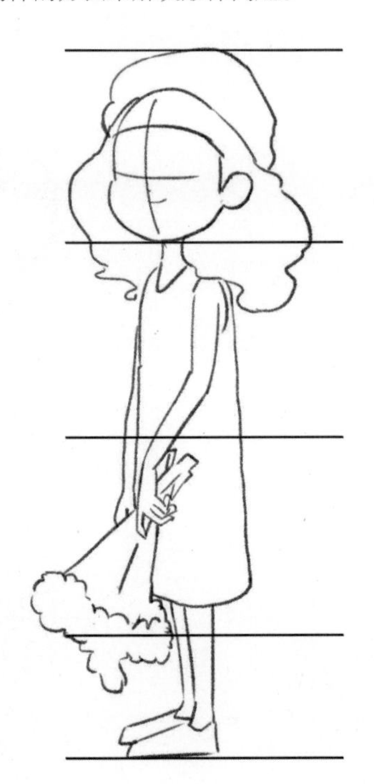

最关键的一步：在分析研究了形体结构之后，进行卡通化处理，这是区别照片和插画非常重要的一步。在这里，把头部的比例放大，整个头身比例变成3.5个头长。手和脚变得比较细长，更突出了头部，脸被画成圆乎乎的效果，突出年龄特征。

大的形体没有问题，便可以进一步描绘细节形象。对五官的卡通化处理，就是要脱离原照片的真实比例。这里将五官变得很紧凑，有意识地突出眼睛和头发，眼睛占了五官的1/2；头发不要硬抠每一根发丝，分组来画会显得有整体感，顺着头发的生长方向画，尽量画得生动、随意一些；鼻子和嘴巴画得小巧一些，一笔带过；将眉毛画成两朵小花，也是一个亮点。

把草稿图层的不透明度降低，用笔刷平涂颜色。可以参考原来照片的色彩，也可以主观进行色彩搭配，但是要注意统一在一个色调区间里。这里以黄色为主色调，以互补色紫色进行点缀。整个画面的色彩均是高明度的，所以尽量将鞋子画成深色，用来“压”住整个画面，否则画面色彩会显得偏粉。

从五官开始刻画细节。确定了大的色调之后，细节的颜色也基本在大色调的范围内进行深浅变化，如果突然选择一个很出挑的颜色，就会打乱画面的节奏。这里可以随时隐藏草稿图层，与原图进行对比。

因为画草稿的时候，头发已经很有质感了，所以平涂完头发的棕色之后，直接把原草稿的头发抠下来，调成深一点的棕色，叠加在平涂图层的上面。

之后画帽子上的花纹，和眉毛互相呼应。

用深一点的黄色勾勒衣服的褶皱，并给衣服画上花纹。为避免画面过于花哨，这里统一使用帽子和眉毛上的花朵形状。

刻画花束的细节和鞋子。

之后再整体观察，并进行调整，即完成了这幅作品。这里可以对比一下完成图和原照片的区别。

3.3.3　解构型临摹——名画改编

前人留下的巨作对于我们来说是一个巨大的宝库，古典主义唯美的形体结构、印象派绚丽的色彩、后现代主义丰富的表达形式……多欣赏大师的作品可以提高我们的艺术素养。对世界名画不仅可以欣赏、临摹与学习，而且还可以加入自己的想法，进一步解构大师的作品，将其变成另一种风格。

比如，我非常喜欢荷兰画家维米尔的作品。他的作品大多描绘宁静、和谐的家庭生活，他喜欢用黄色、蓝色和灰色。他对色彩的把握和光线的处理非常出众，通常布局简单，尺寸不大，但往往给人巨大的视觉冲击。他特别善于使用光源，使画面产生一种流动、优雅的气氛，因而被称为光影大师。

分析构图和颜色。经典的扭头姿势现在已经成了大家拍照的流行姿势，所以我改编的时候加上了人们经常使用的“胜利”手势；在黑色背景中搭配黄色和蓝色，让少女的皮肤散发出更加迷人的光泽。

起稿。因为有原作作为参考，所以起稿相对简单一些。但是既然是改编，就要时刻注意加入自己的想法。在风格上，我准备完全颠覆原来的风格——加入电子元素。

勾线。用有变化的线条勾出人物的外轮廓。线条的长短、曲直、顿挫等都能表现出不同的质感，而线条的穿插、疏密可以表现出人物各部分的前后空间关系。这是描线非常重要的一点。

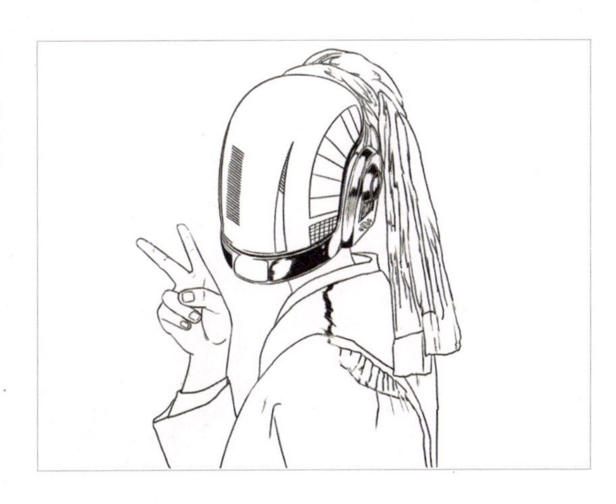

用最普通的圆头笔刷平涂颜色。沿用原作的黄蓝配色，给头盔的顶面画上受光面，颜色偏暖；给头盔下方画上蓝灰色的反光，在纯黑色的背景中打造出空间感。

塑造头盔部分，注意头盔的镜面质感。画出头盔上的彩灯，在黄蓝色调里加入跳跃的颜色。

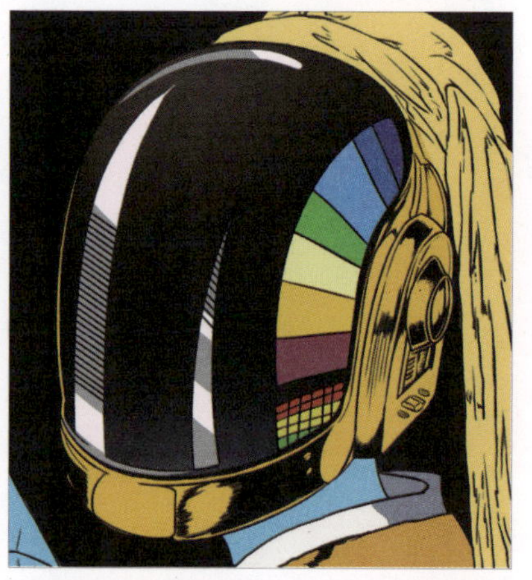

用排线的方式画出亮面和暗面的层次，增强画面的绘画感。

用同样的方式塑造头巾。

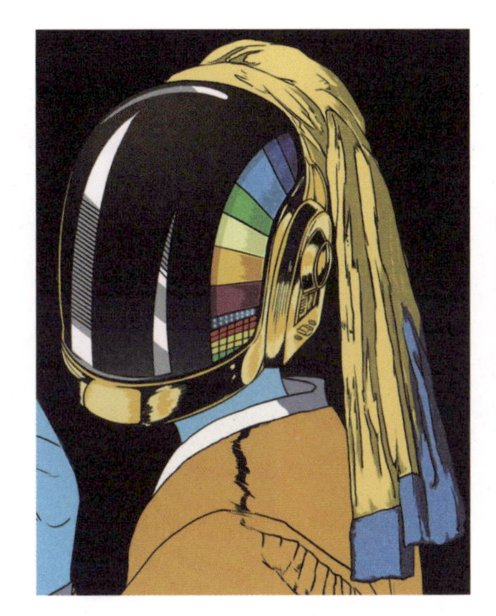

把衣服分出亮面和暗面两个部分，并用更深的橘黄色短线条塑造衣服的褶皱。

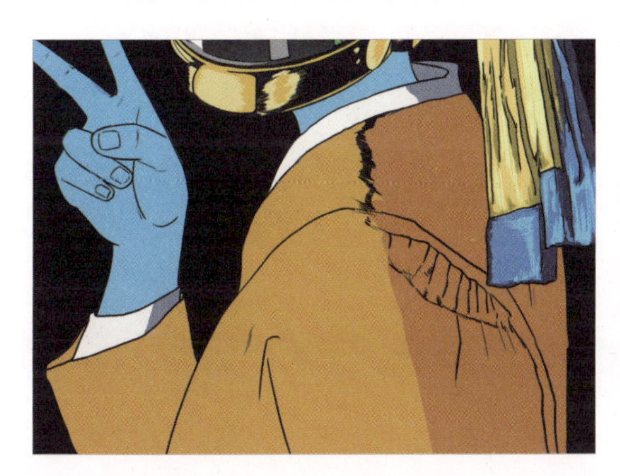

亮面顺着衣服的转折用浅黄色排线。短线条能较好地表现出衣服的质感，把先前勾画的衣服外轮廓的黑色线条也统一成同样的橘黄色。

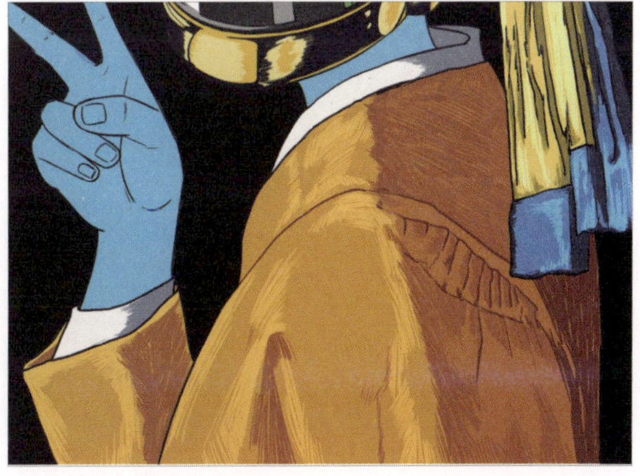

由于我们经常画黄色皮肤，因此看到蓝颜色的皮肤可能有点不知所措。其实是同样的道理，先画中间色，再找亮、暗面。只要心里清楚并了解手部的结构，无论是什么颜色都能画出手部的体积感。

观照一下整体画面，到这一步就基本完成了。之后可以再丰富一下画面，营造出更强的电子朋克气氛。

由于戴着头盔，看不到人物的眼睛，因此可以在眼睛处加一个亮点——这里画了一个几何形状。选择“外发光”图层样式，再叠加一个流动的红色纹理。这样简单又讨巧的处理，可以使整个画面有一个视觉中心。

画上锐利的闪光和几何形状的皇冠，整个画面就完成了。

此时跟原作对比，就能够一眼看出来这幅画模仿的是《戴珍珠耳环的少女》，但是用插画的方式对原作进行了完全的颠覆，以一种全新的手法表现出不一样的感觉。这种半创作的模式是进行完全原创绘画的一个跳板，也是平时可以尝试的具有趣味性的绘画方式。这就是我们说的名画改编。

3.4 速写

很多人经常觉得脑袋里想到了动作，但是落实到手上，却总是画不出来。其实这是因为练习得不够，这个问题可以通过多思考、勤动手来解决。

多看看大师的速写作品，或者自己喜欢的画家的速写作品，可以临摹他们的速写作品，有针对性地进行观察，掌握他们的基本绘画技巧，然后大量地练习。除此之外，没有其他的捷径可走。

3.4.1 动态速写

本节介绍5分钟动态速写。速写讲究的是速度，要求短时间内迅速抓住人体的动态，不在意细节的刻画，而是通过精炼的线条表现人物瞬间的动作和神态。在这方面，叶浅予老先生的速写可以说是做到极致了，大家可以研习。

在画之前，头脑里要有整个人物的动势线，前期刚开始画速写时，可以轻轻地画出来，后期再擦掉。

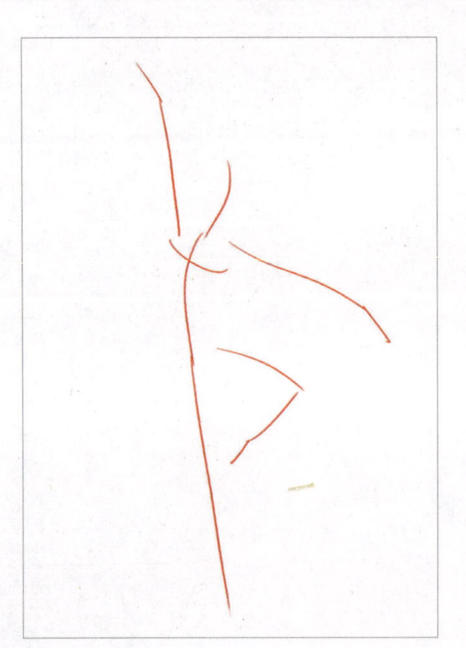

不要被模特的服饰、发型、妆容等各种细节迷惑，要看到最本质的结构和动态，用概括的方法画出大体的外形轮廓线。

在轮廓线的基础上丰富细节。

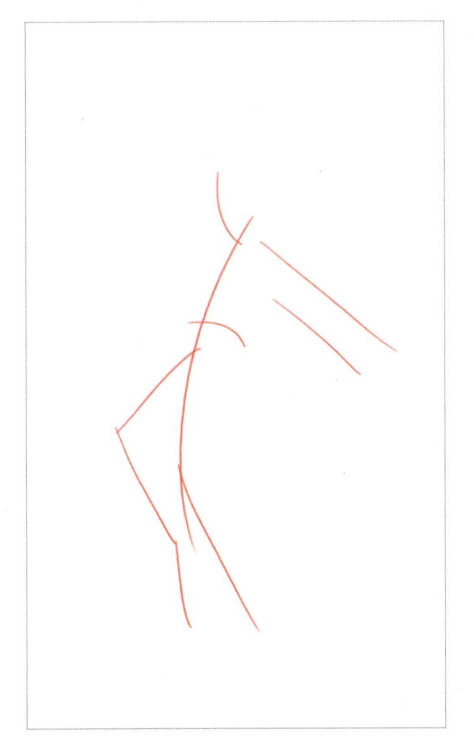

由于时间限制，一般在画动态速写的时候，在看准了动态线之后，就直接从头到脚、从上到下画。

3.4.2 标准速写

本节介绍15分钟标准速写。15分钟基本上可以完成人物的整体造型，此外还能刻画一些细节，比如衣服的花纹、头饰、五官表情等，或者还可以区分画面的黑、白、灰调子。

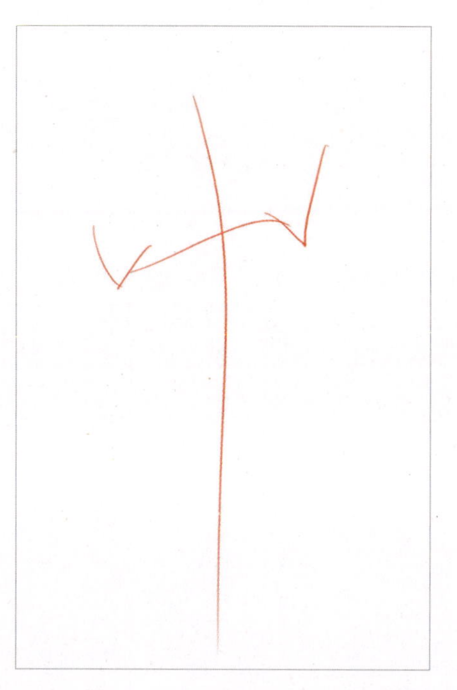

在画人物速写时，心里一定要有一条人物的动态线。这条线不是某一条轮廓线、边缘线或者褶皱线，而是一条确定人物动势的参考线。辅助线要画得轻一些，后期可以擦掉。

从上往下依据参考线交代人物头、手、脚的轮廓，时刻注意整体的动态。

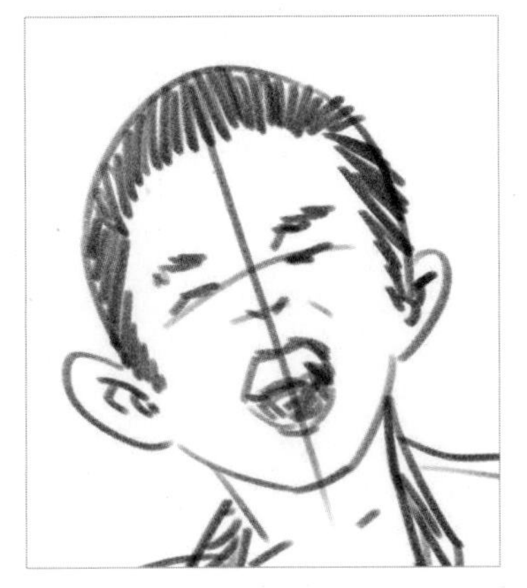  

头部和五官的塑造是重点，头发的线条根据头部的体积进行变化，相辅相成。线条的走向也能更好地表现出头部的体积感，注意面部夸张的表情和五官的年龄特征。

这幅速写是以线为主的，线条的长短、曲直、轻重、虚实都会影响人物的体积感和空间感。

人物脸部要细致刻画，五官紧凑，以短线条为主。画衣服的时候相对放松，画线条的速度也变得快一些。衣服外轮廓用长线条简单概括，衣服褶皱部分用短而密的线条来表现。

利用“线条”勾画完轮廓，再以“面”的形式把裤子处理成深色，使画面有黑、白、灰的层次关系，可以利用阴影使人物的体积感更强。最后加上衣服的花纹，使画面更丰富。

3.4.3 卡通速写

在画多了之后，可以渐渐地归纳总结出人物的形体关系，尝试卡通化造型。

卡通化造型需要对人物进行概括和夸张重构。

一般来说，可以对人物的头身比例进行调整。小孩的头身比例由正常比例变成3头身，甚至更夸张的2头身。头部比例变大。日式卡通画习惯放大眼睛而缩小、简化鼻子，让人物显得更可爱。对嘴巴的表情也会进行简化，往往一条弧线就可以交代出嘴巴的表情。如果是更大的表情，则可以通过张开嘴来表现。

在身材上进行夸张，抓住人物的年龄和性格特征，进行放大。比如，让高的人更高、胖的人更胖，让老太太的形体更加佝偻……

在画之前可以对人物进行几何化概括，例如：威武的军官外形就像是个方向朝下的箭头；拄着拐杖的老太太可以概括成一个圆形和一个方形的组合；胖厨师的外形概括成三个堆起来的圆，就像一个雪人；肌肉男概括成由几个多边形组成。

对外形的几何化概括非常有利于卡通化速写的造型，不仅可以让人物显得鲜活，更加具有趣味性，而且也让人物有了一种戏剧化的张力。

3.4.4 生活速写

有了一定的速写基础，再画时就开始变得得心应手了。尽量不要拘泥于形体的概括，也不要拘泥于绘画的工具和材质，可以随心所欲地画一些涂鸦和动态，比如，旅行途中看到的风景，或者生活中有意思的东西，通过速写来记录生活的片段。

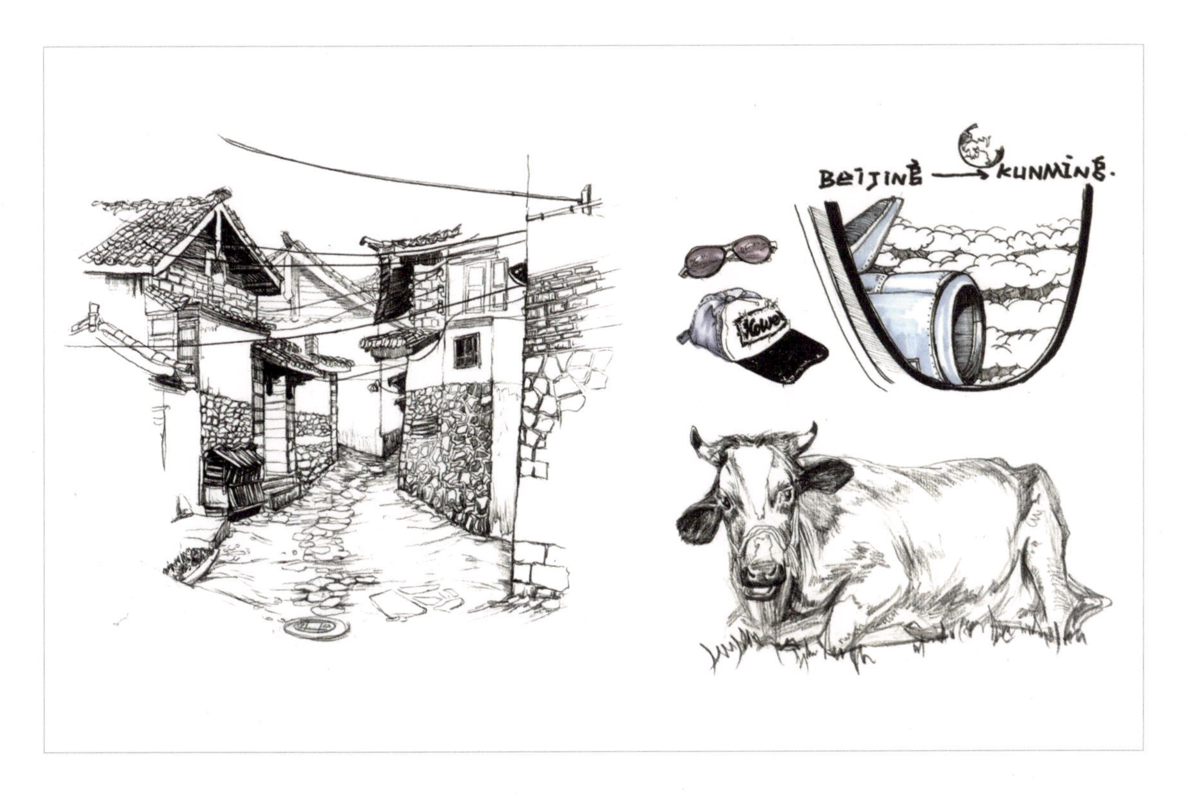

既可以在本子上画，也可以在计算机上、iPad上画，甚至利用手机备忘录等来画，只要有绘画的欲望，在不同的场地用不同的工具都可以画速写。总之，多画速写对提高造型能力是非常有帮助的。

本章总结

1. 透视，指在平面或曲面上描绘物体空间关系的方法或技术。画画需要了解3种最基本的透视。

2. 在长方体里画人物可以帮助理解透视关系，画场景时可以借助透视网格线。

3. 构图就是艺术的一种“语法”，“语法”正确才能画出和谐、美观的作品，平时要多多欣赏、学习大师作品中的构图。

4. 刚开始学习插画时，临摹是最快、最有效的方法。

5. 如果脑袋里想到的动作无法画出来，需要勤加练习速写。

小作业

1. 临摹大师或者自己喜欢的作品。

2. 找到一张人物照片，将其转化成插画。

3. 督促自己画速写。

Chapter 04

色彩与配色

4.1 色彩原理

4.1.1 三原色与色相环

1. 三原色

三原色是指3种最基本的颜色，它们不能再被分解。三原色包括色料三原色和光学三原色两种。

- 色料三原色（CMYK）：青色（Cyan）、品红（Magenta）、黄色（Yellow），将同等比例的色料三原色混合会得到黑色。品红加适量黄色可以调出大红色（大红色=M100+Y100），而用大红色却无法调出品红；青色加适量品红可以得到蓝色（蓝色=C100+M100），而蓝色加绿色得到的却不是鲜艳的青色；用黄色、品红、青色三个颜色能调配出更多的颜色，而且纯正、鲜艳。色料三原色加上黑色（Black），可用于彩色喷墨打印机的四色打印。

- 光学三原色（RGB）：红（Red）、绿（Green）、蓝（Blue）。当人们近距离看彩色电视机的屏幕时，会发现屏幕色彩是由非常多的红、绿、蓝3种颜色的小格子互相交替排列组成的。这3种颜色其实就是显示屏显示的颜色。将同等比例的光学三原色混合会得到白色。

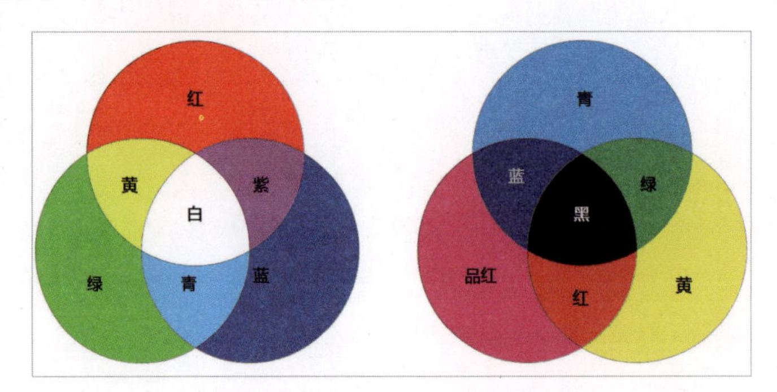

2. 色相环

色相是色彩的首要特征，是区别各种不同色彩比较准确的标准。黑、白、灰以外的颜色都有色相属性。色相环是指一种呈圆形排列的色相光谱，首尾的红色和紫色连接在一起。基础色相环通常包括 12 种不同的颜色。按照定义，基色是最基本的颜色，按一定的比例混合基色，就可以产生任何其他颜色。

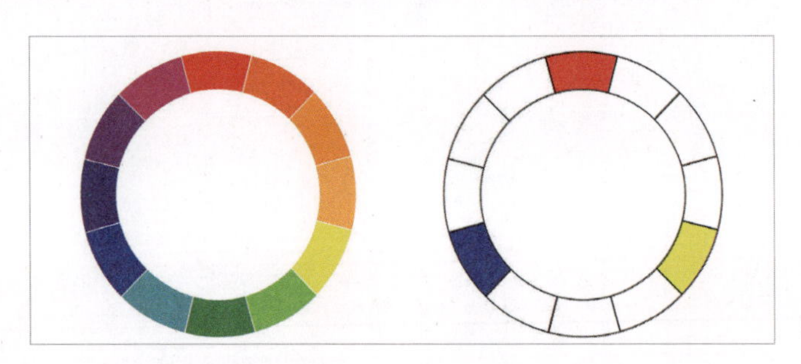

十二色相环是由原色、二次色和三次色组合而成的。色相环中的三原色是红、黄、蓝，彼此“势均力敌”，在色相环中形成一个等边三角形。

通过混合任意两种邻近的基色，可以获得另外3种颜色，即二次色——橙、紫、绿。

由原色和二次色混合而成得到的颜色，即三次色——红橙、黄橙、黄绿、蓝绿、蓝紫和红紫。

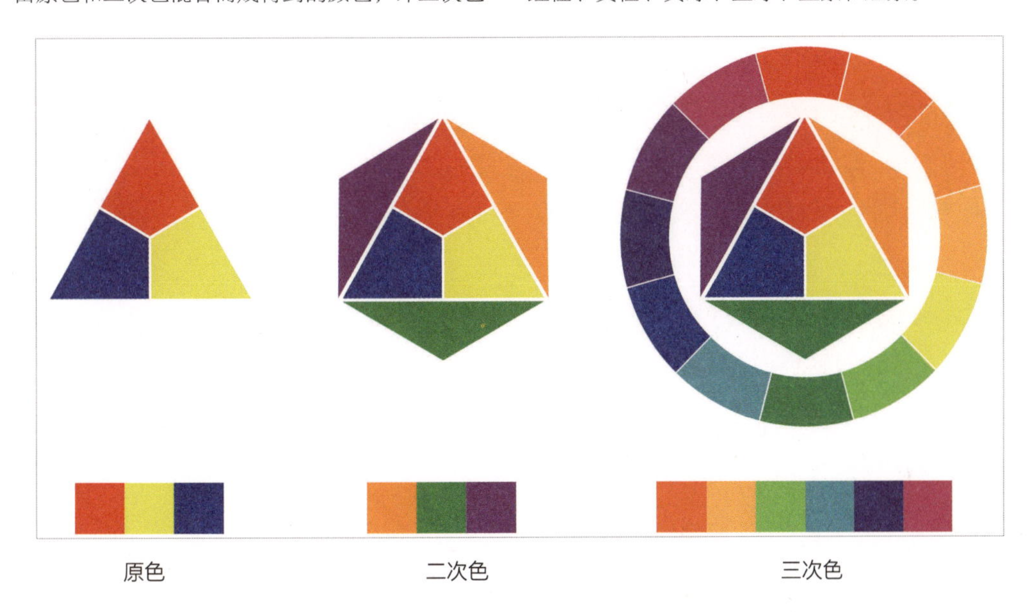

原色　　二次色　　三次色

3. 类似色

类似色是指色相环上90° 角以内相邻的颜色。例如，以黄色为例，想得到它的两个相似色，就在90°的范围内选定黄橙色和黄绿色。使用相似色的配色方案可以使颜色更加协调和融合。

4. 互补色

互补色也称为对比色。互补色在色相环上处于正相对的位置。如果希望更鲜明地突出某些颜色，最好的办法就是使用对比色。例如，在紫色的背景中放置一个黄色的物体，则物体的色彩就会显得更加突出。

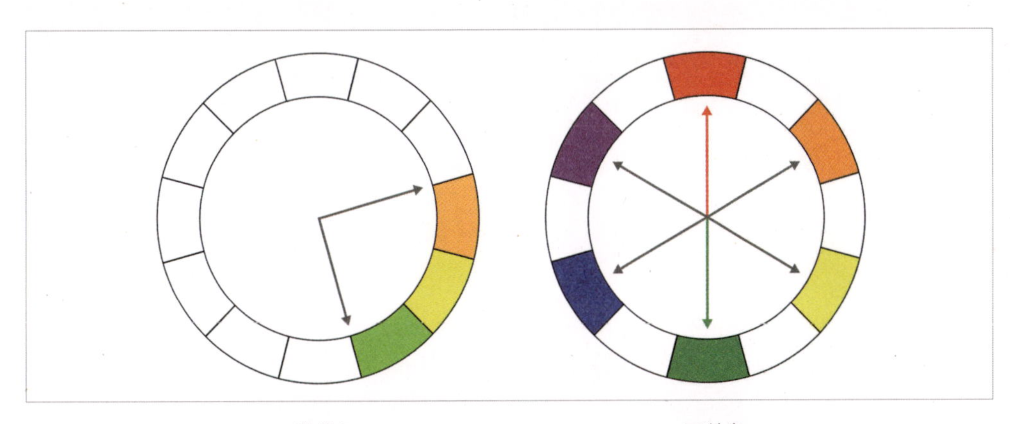

类似色　　互补色

4.1.2 视野中的色彩

任何物体都存在于一定的环境中，视野中一切物体的色彩都有两个特点：都有自己的固有色，以区别于其他物体；由于存在于环境之中，会受到当时光源色的影响，还会受到周围环境色的影响。

固有色就是物体本身所呈现的固有色彩，是物体在白色（自然）光源下呈现的颜色。对固有色的把握，主要是指准确地把握物体的色相。固有色不存在于客观世界，一切物体的颜色都是光的作用，是不同质的物体对光的吸收与反射现象。

一般来讲，物体呈现出固有色最明显的地方，就是介于受光面与背光面的中间部分，也就是素描调子中的灰部，人们称之为半调子或中间色彩。因为在这个范围内，物体受外部条件色彩的影响较少，它的变化主要是明度变化和色相本身的变化，它的饱和度也往往最高。

各种光源会发出不同的色光，由于光波的长短、强弱、比例性质不同，因此形成了不同的色光。例如，普通白炽灯的光所含黄色和橙色波长的光多，故而呈黄色；普通荧光灯所含蓝色波长的光多，因此呈蓝色。

环境色是指物体表面受到光照后，除吸收一定的光外，也能将一部分光反射到周围的物体上，尤其是光滑的材质，具有强烈的反射作用，在暗部尤为明显。环境色的存在和变化，加强了画面相互之间的色彩呼应和联系，能够微妙地表现出物体的质感，也大大丰富了画面中的色彩。所以，环境色的运用在绘画中是非常重要的。

中性色又称为无彩色，包括黑色、白色及由黑白调和的各种深浅不同的灰色。中性色不属于冷色调，也不属于暖色调。黑、白、灰是经常用到的三大中性色。灰色、中性色跟鲜艳的色彩是对立的。人们有时把灰色当作平淡的象征，事实上它们是插画师最好的“朋友”。灰色是配色的“调味剂”，很多插画让人看着眼睛特别累，正是因为滥用强烈的色彩，没有恰当地使用灰色。

我在画下面这幅插画时，其实遇到了很大的困难。这些气球五彩缤纷，每个气球都有自己的固有色，但是所有气球的颜色都会相互影响，例如，左下角的红色气球明显受到蓝色气球的影响，并且它们的颜色也都受到阳光照射的影响，处在画面中心的人物更是如此。例如，人物穿的衣服，虽然它的固有色是黑色，但仔细观察会发现，左边暗面的黑色实际上画的是一种深红棕色，因为受到来自红色气球的影响；而黑色衣服右边实际上用的是绿褐色，因为受到右边绿色气球的影响。人物的脸部实际上接近橙色，而且饱和度很高，因为脸部受到画面中占比最大的黄色气球以及光源色的影响。所以，我们在画的时候并不会使用没有调和的纯黄色、纯红色、纯绿色等颜色来画，这需要主观处理，冷静分析。

通常在现实中把颜色加入画面时，应含有一部分主观调整过的固有色。我们可以提亮或者加深颜色来塑造形体的体积感，还可以通过降低或者加深它的灰度，来打造空间的层次感，或者通过改变色相来说明反射光来自其他物体。

下图对固有色进行了一定的改动，整体呈绿色的草地，其实最下方草丛的绿色的纯度明显降低了，加入了黄色进行调和，即使是白色的花，也呈现出偏黄色、偏绿色、偏紫色的特点。越往远处的山，灰度越低，似乎渐渐与蓝天的颜色融为一体。另一方面，受草丛环境的影响，人物的暗部、遮阳伞的阴影都加入了蓝绿色，就连遮阳伞和围裙的受光面也用一种冷灰色来处理。

在给画面上色时，要注意每个物体的不同色彩。在同一画面中，要使颜色协调，不能孤立每个物体的固有色，应同时考虑到光源色及环境色。只要画面上的物体都被统一在一个色调中，就不会出现画面杂乱及色彩不协调的问题。

色调的形成受固有色、光源色、环境色这三大因素的影响。固有色、光源色与环境色相互影响的程度，与该物体的质地有很大的关系。粗糙的物体，如呢绒、粗布、陶器等物体，不易受光源色和环境色的影响，固有色能够凸显出来。

通常情况下，阳光强烈，则物体之间的相互影响更强，阳光微弱，则物体之间的相互影响较弱；体积大的物体对体积小的物体的影响强；质地光滑的物体对质地较粗糙的物体的影响强；色彩饱和度高的物体对色彩饱和度低的物体的影响强；距离越近的物体相互之间的影响越强。

4.1.3 Photoshop中的RGB色相环配色演示

在数码绘画中，软件里的颜色都有科学的运算方式，主要分为3种，分别是 RGB、HSB（HSV）、CMYK。

前面介绍了三原色，RGB是三原色的首字母：Red（红）、Green（绿）、Blue（蓝），这3种颜色以不同的比例混合会产生不同的颜色。在数码绘画中，理论上可以用科学的运算方式取色 ，但是在Photoshop中作画，人们一般习惯使用RGB模式。

安装Photoshop色相环插件coolorus，重启计算机之后可以在“窗口”的“扩展功能”里调出色相环插件，如下图所示，纵向代表明度，横向代表饱和度，圆环代表色相环。任意选择一个颜色，可以看到下方相应的RGB物理数值，而且还可以单击右上方的6个圆形小按钮，显示选中颜色的互补色、类似色、类比色等，非常方便。

下面用RGB色相环来给右图配色（关于笔触、技法等内容在第4章和第6章会重点讲解，这里只着重讲解配色）。

Step 01 确定色调，选择固有色的色相。

根据自己的主观感觉，从画面面积最大的区域，也就是衣服部分开始填色。

例如，选择一个比较灰的橙色，单击“互补色”按钮，参考系统给出的互补色方案，选择一个蓝灰色作为背景色，互补色的对比会使人物在环境中更突出。

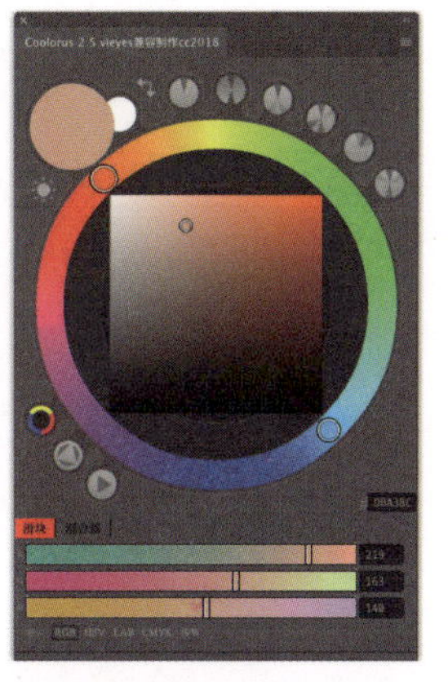

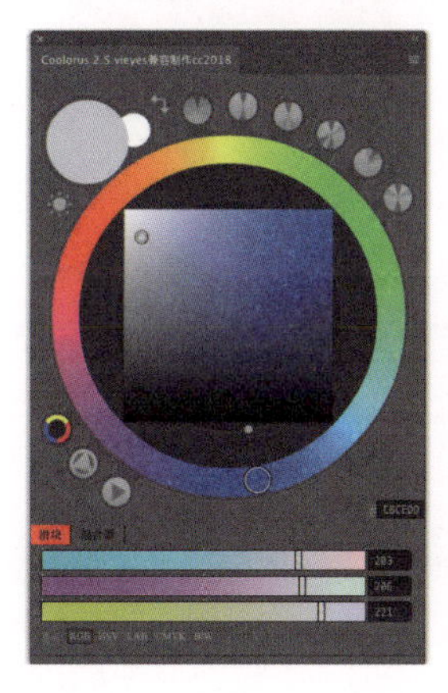

Step 02 搭配皮肤和头发的颜色。

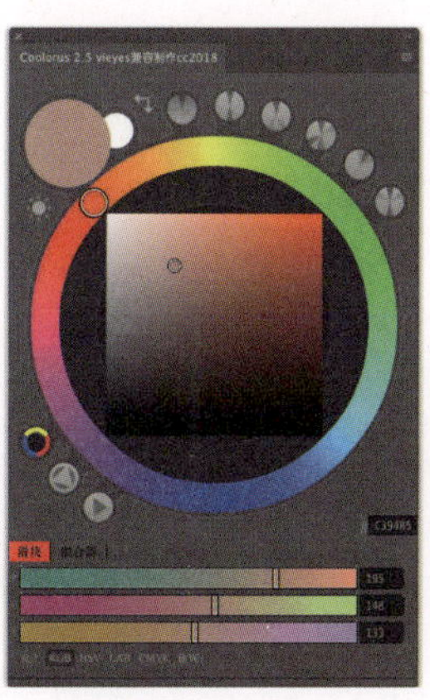

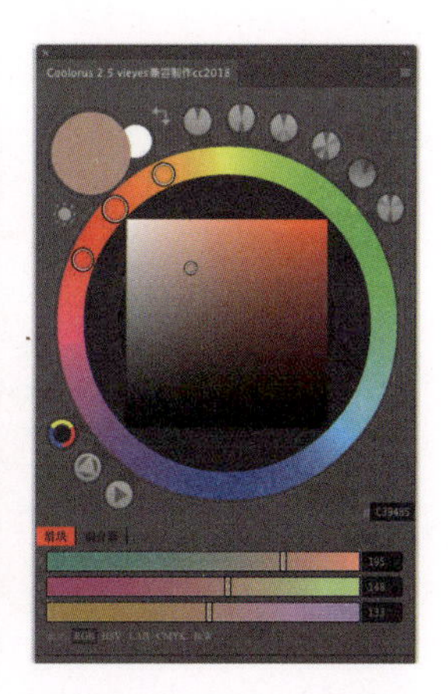

选择一个比衣服明度更深的红灰色作为皮肤的颜色。单击“类似色”按钮，参考系统给出的类似色方案，选择一个比皮肤明度更深、饱和度更高的颜色作为头发的颜色。

这两步可以多尝试不同的配色。在配色时，不能一步到位，要时刻考虑画面整体颜色搭配是否和谐、舒适，因为前两步就确定了画面的色调，后面的配色要服从整个大基调的颜色变化。前面讲到画面要有统一色调和明暗对比，但是在一个色调下并不是只有一个颜色，而是每一种颜色都统一于这个色调下。

所以在这幅画中，衣服、皮肤、头发的颜色都在类似色的范围内选择，只是改变了明度。

Step 03 描绘五官颜色。

这幅画的整体颜色都非常主观化，画面统一在一种柔和的灰色调中，在互补色背景的衬托下，让人物处在一种温暖的粉色氛围里。

用和头发色相一致的颜色来勾勒五官的线条，同样用互补色原理选择蓝灰色，作为瞳孔的颜色，而不是用黑色。

Step 04 补充细节。

注意细节描绘，用色也需要统一在大的色彩基调中，颜色不能过于突兀。例如，在画衣服亮面、暗面和腮红的颜色时，只是在固有色的基础上降低了明度和饱和度。

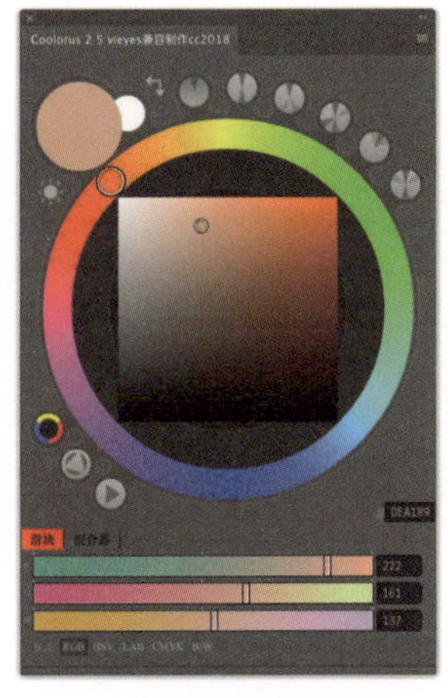

衣服亮面颜色

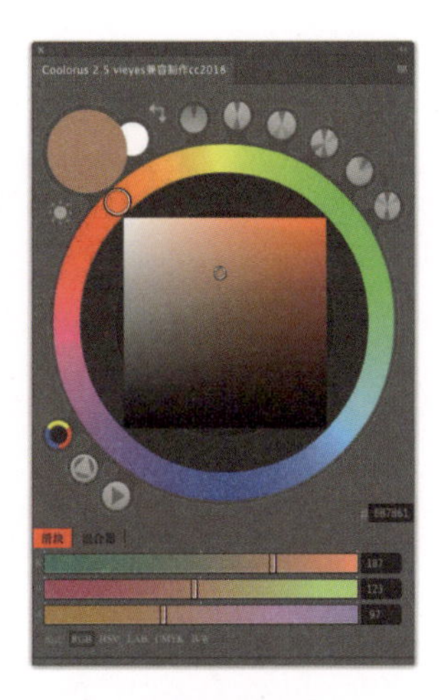

衣服暗面颜色

Step 05 添加光源色。

在整体看起来比较暗淡的画面中，加入明度和饱和度较高的黄色作为光源色，画面明亮起来。

Step 06 加入点缀颜色。

衣服上的星星属于点缀元素，同样利用互补色原理，选择与红色互补的蓝色来画。衣服的英文字母选择最亮的白色来画，使画面层次更丰富，节奏感更强。

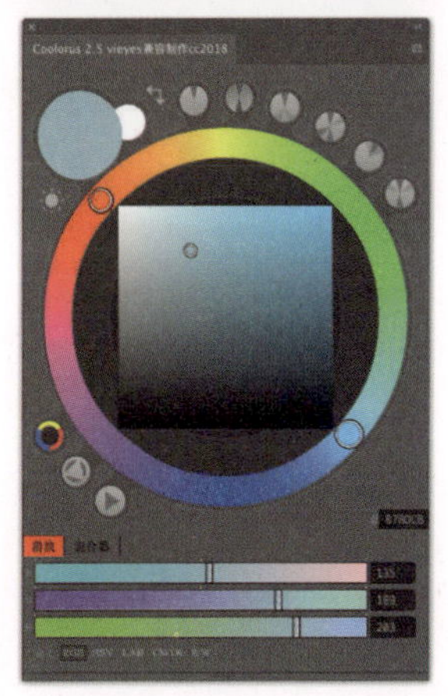

由此可见，用Photoshop的RGB色相环配色，与传统作画的配色方式相比，优势是可以直观地看到颜色在全局中的位置，而且便利的按钮选择更方便色彩的搭配。

4.2 色彩的象征性

颜色是一个画面带给人们的最直接的印象，冷色与暖色是依据心理错觉对色彩进行的物理性分类。对于颜色的物质性印象，大致由冷、暖两个色系产生。波长较长的红色、橙色及黄色光，会给人暖和感；相反，波长短的紫色、蓝色和绿色光，则让人有寒冷的感觉。夏日，关掉室内的白炽灯，打开日光灯，就会有一种凉爽的感觉。颜料也是如此，在冷食或冷饮包装上使用冷色，视觉上会使人们对这些食物产生“冰冷”的感觉。冬日，把卧室的窗帘换成暖色，就会增加室内的温暖感。冷暖感觉并非来自真实的物理温度，而是与人们的视觉和心理联想有关。

大部分人对红色的反应是警觉，对蓝色的反应是放松，对鲜艳的颜色反应是激烈，对温和的颜色反应是舒服。下面这幅线稿图，在不同的色调下给人的观感完全不一样。

很明显，激烈的红色会让人们觉得画中人物更有生气和愤怒的感觉。所以，我们可以尝试在绿色调画面的基础上，把五官改成笑脸，画面的颜色和情绪会更匹配一些。

除了冷暖色系具有明显的心理区别，色彩的明度与纯度也会引起人们的色彩错觉。一般来说，颜色的重量感主要取决于色彩的明度，暗色给人重的感觉，明色给人轻的感觉。如果一幅画显得“轻飘飘”的，往往是因为缺少“重”颜色的压制，而画面沉闷可能是因为缺少一抹亮颜色来“提神”。色彩的纯度与明度变化给人软硬不同的印象，比如淡的亮色使人感觉柔软，暗的纯色则给人强硬的感觉。

一般在色彩心理学的研究中，红色象征热情、权威、自信，是能量充沛的色彩。红色往往容易被内心强大自信、性格活泼外向的人所喜爱。不过红色也会给人血腥、暴力、嫉妒的感觉。

粉红色可以表现激情与纯洁、感动、爱与纯真，象征温柔、甜美、浪漫。美国生物学研究所的医生亚历山大·沙斯通过观察，认为粉红色可以显著降低人的侵略性，有助于降低血压及心悸的频率。

橙色具有红色和黄色两个颜色的特征。橙色是唯一一种没有冷阴影的颜色。这种颜色与美味的果汁和水果有关，会给人亲切、开朗、阳光的感觉。橙色很容易让人增加食欲，因此它经常用于食品包装的设计。它可以立即吸引人们的注意力，产生喜悦、刺激的感觉，使其成为快餐店设计的理想色彩。

黄色是明度极高的颜色，象征聪明、希望、光明、天真。黄色通常与趣味、自由、感情的开放表达、自我实现等相关，它被认为是友善、充满活力和开放的代表颜色。

蓝色是灵性、知性兼具的色彩，被认为是舒适、安全、可靠、舒缓的颜色。它使人感到和谐，给人一种控制感和责任感，象征平静、理想、宽广。淡蓝色、粉蓝色让人感觉完全放松；深蓝色则给人保守、务实的感觉。注意，过量的蓝色会让人产生忧郁的情绪。

绿色给人无限的安全感，大多数人觉得绿色与自然相关，象征自由、和平、新鲜、舒适。绿色能够舒缓眼部的压力，特别是人眼长时间接触红色后。因此，外科医生的制服往往是绿色的。

紫色是所有颜色中最复杂、最神秘的，它结合了红色的激情和蓝色的冷静，象征高贵、优雅、浪漫。

白色是纯洁、欢乐、自由的象征，它具有天真和幼稚的特质，也可以是绝对极简主义的体现。

黑色象征威望、高雅、低调、创意，也意味着执着、冷漠、防御。黑色代表色彩的缺失、原始的空缺。黑色的衣服可谓经典，因为穿黑色让人看起来更瘦，显得更干练、精明。

平时，我们可以像做实验一样做一些色调练习，这样既可以提高色彩搭配能力，也可以体会色调对一幅画的影响。

4.3 配色过程演示

一幅画中最关键的几个颜色称为色块。把一幅画缩小到扑克牌大小就能发现，这几个色块决定了整张画给人的感觉，也就是人们常说的色调。我们可以养成一个小习惯，在开始正式作画之前先画一张扑克牌大小的配色小稿。这样做还有一个好处：画一幅画需要很长时间，如果直接画，发现整体效果并不是自己想要的，就容易因为改起来麻烦而放弃。在构图配色阶段，提前找到画面想要达到的整体感，就会提前获得成就感，并且更有信心和耐心把一幅画画完。

4.3.1 弱化光影的主观配色

前面介绍了一些基础色彩配色原理，下面结合案例来实践一下配色过程。

光影在插画中没有写实画那么严谨和规律，每个插画师都有自己的光影取舍习惯，很多时候，可以忽略光影或者根据画面需求再造光影。下面这幅肖像插画几乎没有光影，画面呈现的是一种平面的装饰性色彩效果。

Step 01 准备好构图草稿。

首先在纸上画好草稿，再上传到计算机中，也可以直接在Photoshop中画。

Step 02 寻找参考。

虽然前面介绍了一些配色原则，但配色不能全靠理论推理来完成。一个成熟的插画师能画出各种配色，这里因为经验的积累，使他在脑海中有了许多配色方案。对于初学者来说，配色时可以找相应的参考，比如照片、插画作品、时尚杂志、专辑封面等。

本例这幅插画的配色参考了一张黄蓝色调的专辑封面。

Step 03 确定画面主体色调。

从一个颜色开始配色，这个颜色在画面中占最大面积，奠定画面的基调。打开Photoshop自带的“拾色器（前景色）”对话框，或者用色相环插件coolorus选择颜色，这里选用明黄色作为背景色。

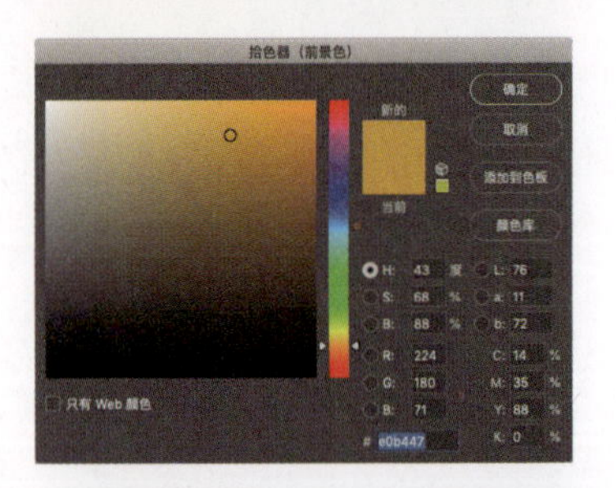

用水彩笔刷平铺黄色。因为水彩笔刷一般带有钢笔压力属性，画的时候注意手的力度，使画面有轻重变化和透气感。

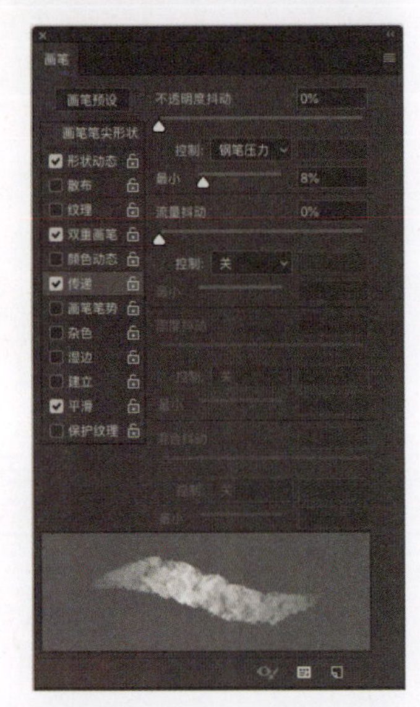

Step 04 整体颜色选取和对比。

选取皮肤的颜色。画面整体看来属于暖色调，所以选择偏橘红属性的肉粉色作为皮肤的颜色。黄色搭配蓝色是经典的配色方案，大面积的黄色使画面给人以一种刺激感，但是很容易让人产生视觉疲劳，所以用深蓝色“压住”画面，画面不会显得“轻飘飘”的。黄色和紫色是互补色，用互补色来调和能给画面带来舒适感。这里利用色块面积的大小，以及纯度和明度的差异来缓和对比。紫色相对黄色面积较小，这里把紫色的纯度降低，将明度提高。

肤色

背景黄色

帽子蓝色

衣服紫色

在拾色器中可以发现互补色的相对性。在大面积的黄色背景中，即使是纯度非常低的玫红色，看起来也会有紫色倾向，用纯紫色反而会使画面不那么协调。所以，很多时候长腰主观调整，而不是一味地套用原理或固定模式。

Step 05 画面明暗对比。

加入重色和亮色来增强画面的明暗对比。头发和帽子是画面的重色部分，T恤和衣服上的标签是画面中颜色最亮的部分。

头发的颜色基本处于红棕色的范围，注意稍微加入色彩变化，靠前的发色偏红色，靠后的发色偏褐色。画头发时笔触要放松，不要太刻意。画完这一步可以将画面调成黑白效果看一下画面的黑、白、灰层次，也就是各个色彩的明度对比。

在配色的时候不要慢吞吞的，要快速地找到感觉，颜色不对马上尝试别的颜色，不要在意细节。因为大多时候人们的色彩感是瞬时的。

基本色调完成之后，隐藏草稿图层，观察整体色调，如果有不和谐的地方及时调整。

Step 06 脸部的明暗和五官的颜色。

因为这幅画是弱化（或者说忽略）光影的，所以脸部的明暗只是在大的结构上画一下深浅层次，不需要太深入。

瞳孔和眉毛的颜色与头发的颜色相呼应，睫毛用深灰色画，但是不要画得太实、太生硬。

画皮肤的暗面层次，主要是加深眼睛周围的颜色，注意颜色的细微变化。

皮肤亮面颜色

皮肤暗面颜色

腮红颜色

皮肤暗面使用的颜色基本上是将皮肤亮面颜色进行加深得到的，腮红的色彩饱和度要高一些。

Step 07 完成配色。

实际上，从人物肖像画的角度来看，到Step 06就算完成了配色，从Step 07开始就进入了人物塑造阶段。只要画面的色调完成了，看上去和谐、舒服，那么画面就成功了一半。塑造人物只是为画面增添细节，锦上添花。不同部位细节的颜色基本都统一在每个单独的色块里，从整体上看，颜色不会有特别显著的变化。

4.3.2 环境中的颜色互动

在大多数情况下，人物都处在不同的环境中，因此人物的颜色必定和环境色相互影响。下面这幅作品的颜色看上去非常复杂，因为气球的颜色非常多。在各种颜色的影响下，怎样才能做到使画面和谐、统一呢？本节一起研究环境中的颜色互动。

Step 01 准备好构图线稿。

构图时注意人物和气球的位置，通过“叠压关系”营造出一张具有前后空间感和氛围感的画面。好的构图也能帮助配色表现空间感。

Step 02 构思明暗关系。

在插画中，大多数时候人们会对明暗关系进行简化，打造光影有亮面、灰面、暗面3个层次就够了。

在这个画面中，人物处于逆光的环境中，也就是说，人物基本上全部处于暗面，只有人物的轮廓边缘处于受光面。从整体环境来说，离观察者远的地方处于亮面，离观察者近的地方处于暗面。

Step 03 确定画面主体色调。

由于受强光照射，画面整体处于暖色调中，因此选取橘黄色系的颜色作为主色调。

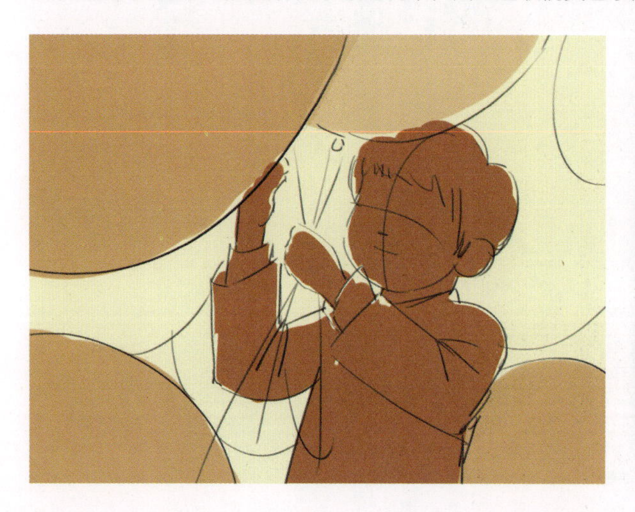

Step 04 用色彩加强画面的整体明暗对比。

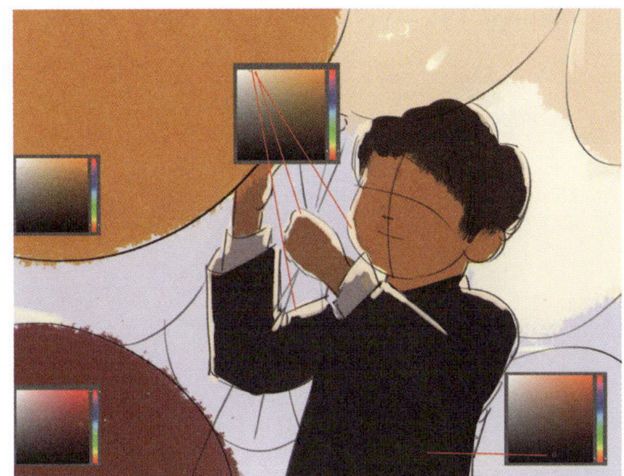

用100号油画笔刷给画面着色，加强明暗关系。画面中颜色最暗的是衣服和头发部分；画面中颜色最亮的是人物的高光。从暗部的气球开始画固有色，并且把远处气球的亮度统一提高。

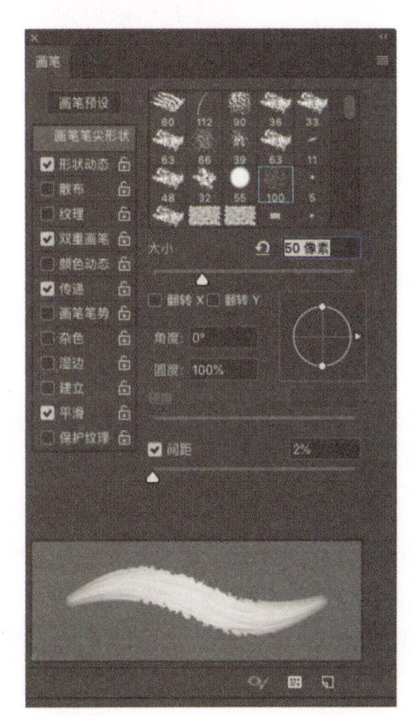

Step 05 利用颜色打造环境氛围。

这幅画背景中的气球都处于亮面，它们的颜色都不能太暗、太浓重，要通过弱化对比度来增强空间感。在每一个气球所在图层分别给气球上色，这样有利于后期调整。

这一步基本上完成了所有气球固有色的调配，可以将颜色列出来看看是否和谐。

在学习配色时，可以经常使用这个方法，比如，看到喜欢的插画、动画作品，或者杂志、电影等，可以将它们的颜色罗列出来，这样也可以丰富自己的配色资源库。

Step 06 人物的明暗面和环境色。

配色只需明暗两个层次。皮肤处在暗部，而且受前景中黄色、红色气球的影响，整个色调偏黄褐色。黑色衣服因受环境影响各部位的黑色有些许不同，画面中衣服左边受红色、黄色气球的影响，在衣服的黑色中加入了红褐色；画面中衣服右边受绿色、蓝色气球的影响，在衣服的黑色中加入了绿褐色。白色衬衫的袖子在暗部，以紫色呈现。

Step 07 环境的明暗面。

气球由于质感的特殊性，明暗关系有一定的跳跃性，也就是说，表面的光滑和透明性造成它的反光比较多。在画每一个气球的颜色时，不仅要画出明暗层次，还要考虑周边气球对它的影响。比如，上方的气球由于受黄色气球的影响，而且离光源更近，很明显颜色要偏暖一些。

Step 08 加入光源，整体调整。

选择一个明亮的暖黄色，新建图层，用最亮的颜色画气球的绳子，并选择“动感模糊”滤镜，在人物轮廓边缘再次勾勒出高光，在黄色光源图层上可以加入更亮的纯白色，来提亮整个画面的高光。

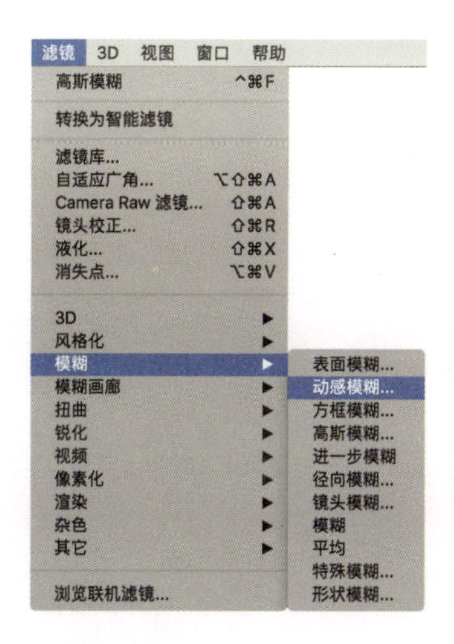

画面中的某些颜色有些脏，因为分了图层，可以再对每块颜色单独进行调整。调整的时候记得隐藏线稿。对整个画面进行调整的方法如下：

（1）全选所有图层，新建一个组。

（2）复制组。

（3）合并复制的组。

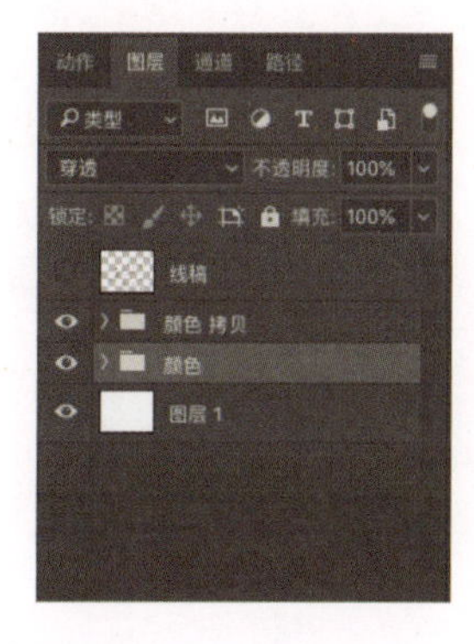

（4）选中合并后的图层，按【Ctrl+M】组合键调整色调曲线，按【Ctrl+U】组合键调整色相/饱和度等，也可以调整其他参数，例如，曝光度、对比度、色彩平衡等，观察画面整体，直至调整到想要的效果。

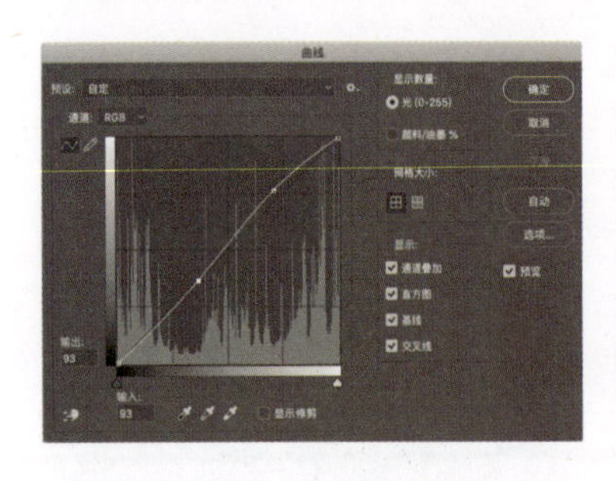

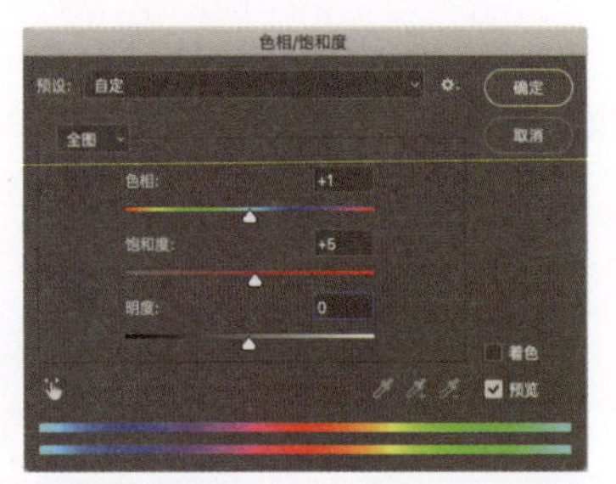

4.4.3 强调光源的氛围

在很多夜色场景中，光源是打造画面氛围的主要因素。在下面这幅图中，整体看其实就是“光”和“影”两大色块。整个房间都是暗的，也就是在“影”里，一道来自画面外的光照射进来，形成了鲜明的对比。通过这道光可以联想到整个画面的故事。或许是在家玩累的小男孩自己睡着了，睡梦中梦到了自己心爱的小熊；或许是在外工作到很晚的妈妈回来了，轻轻打开了一扇门来看熟睡的孩子……通过“光”和“影”，可以营造出温馨的画面氛围。

对于夜色场景，如果脑海中没有积累合适的配色方案，可以找一些照片或插画等图片资料来辅助配色。

1. 配色过程

Step 01 准备好构图线稿。

Step 02 给画面填充主体色调。

这个画面的场景以大面积的阴影为主，虽然是黑夜，但是并不需要真的画成黑色，一般画成深蓝色或者深紫色。

Step 03 画面整体明暗对比。

新建图层，将其命名为“光源图层”，勾出画面中大面积亮色部分的形状，并填充黄色。因为是灯光的照射，想要渲染温馨梦幻的氛围，所以使用暖黄色光，与阴影的蓝紫色形成鲜明的对比。

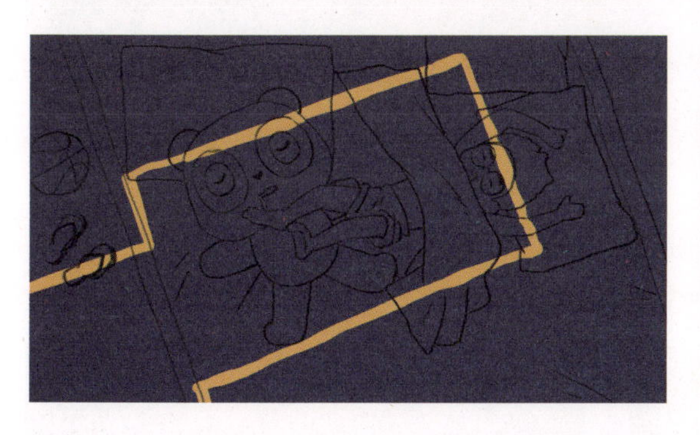

在菜单栏中选择“滤镜”>“模糊”>“方框模糊”命令，使光的边缘柔化。

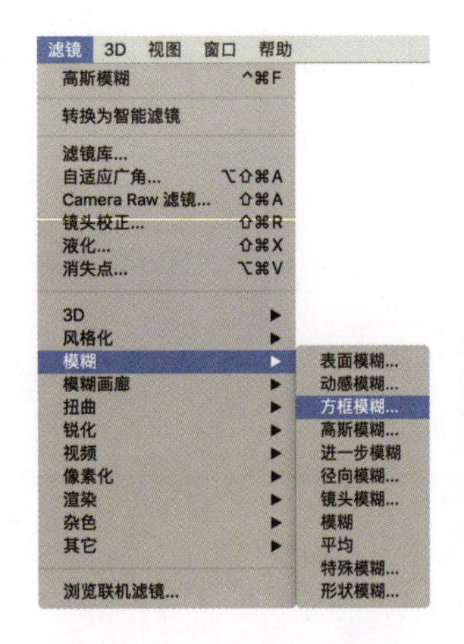

把“光源图层”的“混合模式”改为“强光”，并降低图层的不透明度。“光源图层”的颜色即发生了变化，这是因为这个混合模式对其他图层也会产生影响。

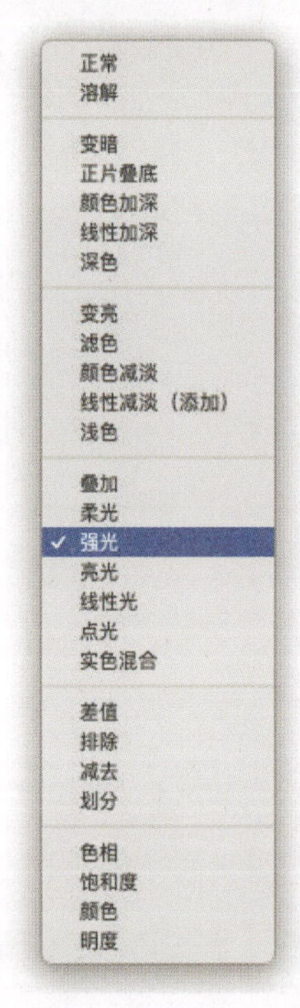

再新建一个图层，将其命名为“光源图层2”，为其填充更亮的颜色——一种接近白色的暖黄色。将图层的“混合模式”改为“叠加”，两个光源图层即产生了层叠的光源效果。

Step 04 选择场景的主要颜色。

至此，已经区分出了光源和阴影两大色块，所以在给场景上色时，也要将每个颜色都统一在大色调里。例如，白天的床单固有色是白色，在黑夜的阴影里，相对来看，白色变成了蓝色或紫色，或者任意一种灰色。

将新建图层全部置于“光源图层”下方。设置“草稿”图层的“混合模式”为“正片叠底”，并降低图层的不透明度，用100号油画笔刷给场景上色，可以看到“光源图层”的混合模式对其他图层颜色的影响。

Step 05 选择人物的主要颜色。

同样的，人物的固有色在夜色场景里也需要统一在大色调里，熊猫的白色和黑色毛发、人物的肤色、裤子颜色等，都受光源以及阴影的影响。因为两个光源图层应用了混合模式，本身就会对其他图层的颜色有影响，为了直观地观察颜色，在画人物颜色时，可以先关闭两个光源图层的“眼睛”图标。

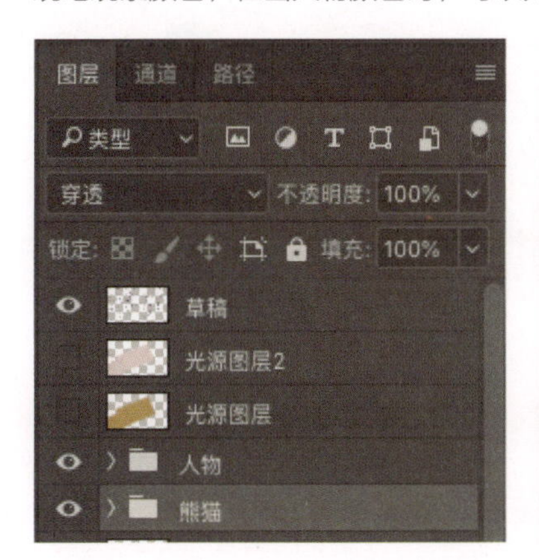

操作完成之后再开启两个光源图层的“眼睛”图标进行观察和调整。

Step 06 画出人物和场景的明暗关系。

配色是为了以最快的速度找出大感觉，但明暗只需要两个层次，不用太深入。在现有颜色的基础上，再加一个暗面或者投影层次就可以了。

Step 07 整体颜色调整。

在配色过程中，给每块颜色都分了图层，所以调整起来也方便。调整时，关闭“草稿”图层的“眼睛”图标，整体感受一下画面颜色。

现在看来画面颜色没有什么大问题，但是感觉对比度不够，可以使整个暗面都再加深一个层次来凸显光源的氛围。

2. 调整方法

Step 01

新建一个图层，将其命名为“暗面加深”，置于“草稿”图层下。避开光源部分，把其他地方全部涂成蓝色。

Step 02

把“暗面加深”图层的“混合模式”设置为“正片叠底”，并降低图层的不透明度。

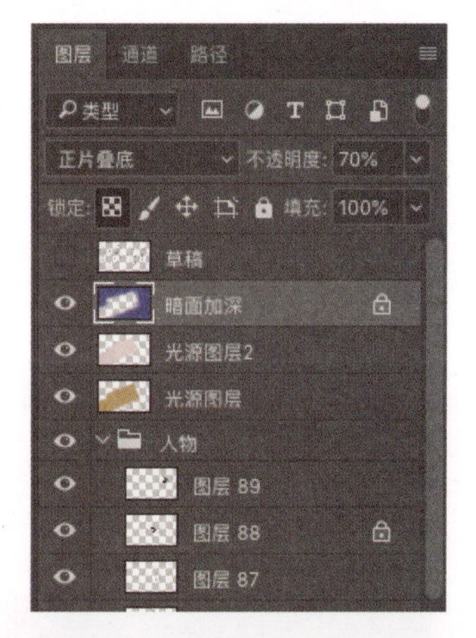

本章总结

1. 三原色是指3种最基本的颜色，它们不能再被分解。将三原色以不同的比例混合可以得到各种颜色。

2. 色相是区别各种不同色彩比较准确的标准。黑、白、灰以外的颜色都有色相属性。

3. 任何物体都有自己的固有色，以此区别于其他物体的颜色。由于物体存在于环境之中，因此会受到当时光源色的影响，还会受到周围环境色的影响。

4. 从色彩心理学角度来分析，不同的颜色会带给人不同的感受。

5. 一幅画往往只靠几个大色块来确定色调，配色时的重点分别是统一色调、区分明暗、突出主体、颜色搭配和谐。

小作业

给自己画的草图配色，可以尝试不同的色调。如果暂时想不出配色方案，可以找一些电影或者插画作品作为参考来进行配色。

Chapter 05

不同人物形象的设定与画法

5.1 基础人物角色

5.1.1 从外貌特征入手

案例 小学生

晋陶渊明的《桃花源记》中有“黄发垂髫，并怡然自乐”。女孩7岁称“髫年”，男孩8岁称“龆年”。男孩在七八岁的时候正是对世界充满好奇心的时候，或许调皮、淘气，但是满脸都是天真的模样。本节详细讲述如何画好一个可爱的男孩。

Step 01 画草稿。

用概括的方法画出头、颈、肩的位置。头部类似一个球体，画出中线后确定眼睛、鼻底和嘴唇线的位置。身体依据中线对称。

根据参考线画出五官。画全正面肖像要注意人物的对称性。本例要注意男孩五官的比例。一般情况下，人的眼睛在头部的1/2处，孩子可以略低于1/2。眼睛只需画出眼球和上眼皮就可以，不需要特意画出下眼皮。男孩在七八岁的年龄还有婴儿肥，所以脸型可以画得圆润一点。

不要刻意勾头发的边缘，用随意的笔触画出发型即可，本例要画的是蓬松的小卷毛。之后画上衣服和领巾。

虽然是用Photoshop画的，但我还是习惯用类似铅笔的笔刷，这样就会有在纸上作画的熟悉感。大家可以到网上搜索并下载铅笔笔刷。

Step 02 铺大色调。

在铺大色调的时候切记不要纠结细节，搭配好相应的颜色后，用大笔刷快速平涂脸部和衣服，用松动的笔触画头发。

Tips

打开笔刷设置面板，单击右上角的“设置”按钮，大家可以把系统自带的笔刷都追加进去，里面有很多非常好用的笔刷。这里选择系统里类似油画笔效果的笔刷来涂大色调。

用油画笔刷竖向平涂背景。在铺大色调的时候，可以选择比较沉稳、舒适的灰色调，让整个画面显得更加沉稳。后期刻画细节时再添加一些鲜艳、明快的亮色，这样画面的对比会更强烈。

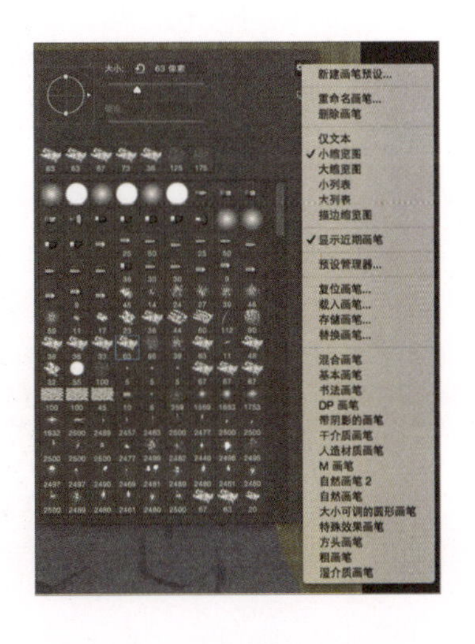

接下来画五官。这里需要用小笔触顺着生长方向仔细勾勒眉毛和睫毛。在画眼球的时候，不要画得特别实。不要用纯白色画眼白，也不要用纯黑色画瞳孔。眼白的柔和感可以通过和脸部皮肤的颜色进行过渡体现出来。

Step 03 画出明暗关系。

平涂完大色调之后，基本的颜色就确认好了，接下来给人物添加暗部层次，让人物有基础的明暗关系。在脸部黄色的基础上选择更深的土黄色画暗部，用橘黄色画鼻头，耳朵在脸部靠后的位置，整体处在暗部。

设定光源在左侧，亮部和暗部交界的地方即明暗交界线，需要着重刻画。

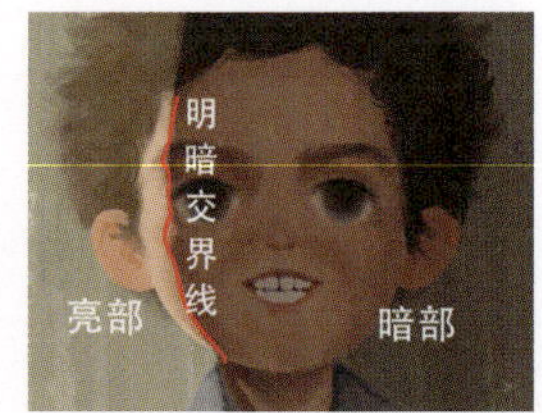

接下来画牙齿的形状。虽然牙齿是白色的，但不需要用纯白色来画，那样会显得特别突兀，需要对比看待所有的颜色。根据画面的整体色调，选择一个黄灰色画牙齿。

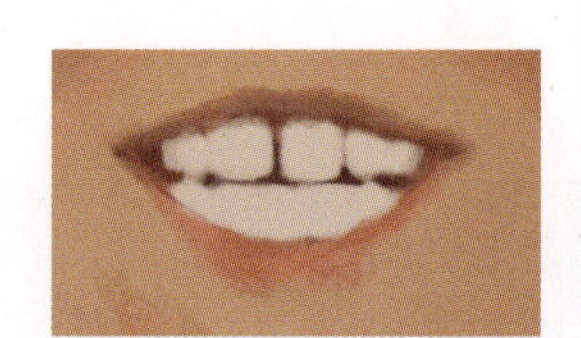

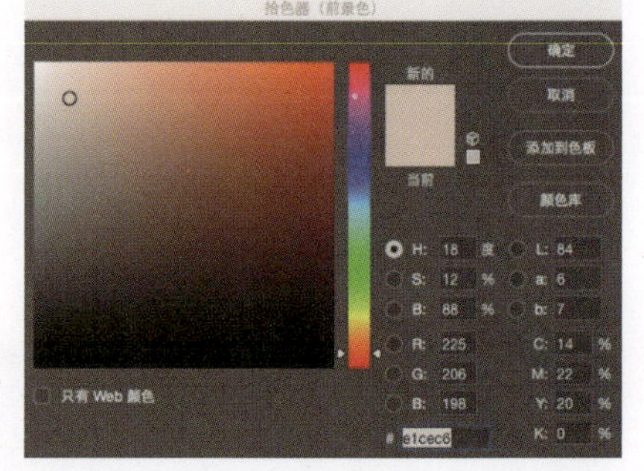

头发也画出一个浅褐色的亮部，同样用不同于脸部和衣服的笔触，松动地画头发，同时用更深的褐色画出小卷毛的感觉。

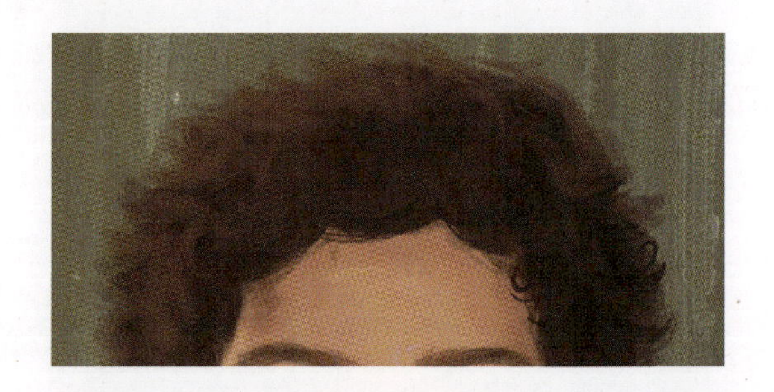

打破灰暗的色调，用亮黄色画领巾，同时在衣服上也加一些黄色的标签和细节，并且用更深的蓝灰色画出衣服的起伏和暗部。

Step 04 给人物加上亮部层次，让人物看起来更有光感。

用暖黄色画出照在脸部的阳光。

给头发和衣服画上阳光洒落在其上的感觉，同时开始画各部分细节。画头发的时候，可以分组概括地画出卷发，将亮部、暗部区分清楚，这样不会显得太乱。

背景同样要区分出亮、灰、暗3个层次。

为了突出主体人物，可以为背景添加“动感模糊”滤镜，拉开人物和背景的层次。

在画的过程中，始终以关照全局的方法来画，让画面的每一部分都同时进行，这样会显得更整体。

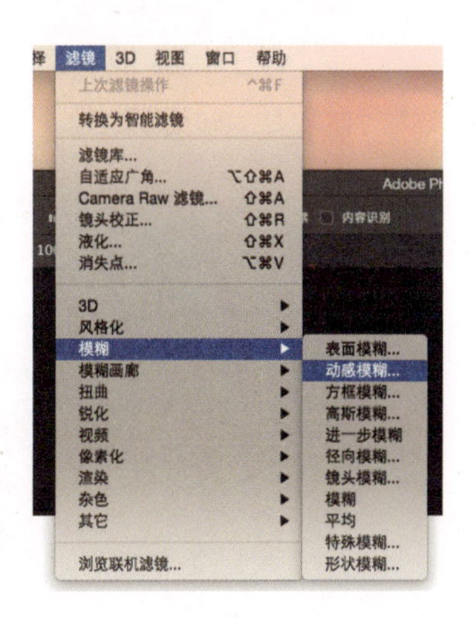

Step 05 从五官入手刻画画面的细节。

加强脸部光影对比，把头部当成一个球体来塑造体积感。用圆角模糊笔刷画出脸部的黄色光源，设置图层的“混合模式”为“叠加”，这样脸部就会呈现出一种朦胧的暖黄色光感。与之对比，在暗部画上偏紫色的反光，这样整个头部的体积感和通透感会更加强烈。

男孩在大自然里是活蹦乱跳的，因此在画脸部的时候不要画得特别干净，用颗粒笔刷画腮红和鼻子上的小雀斑，随意地在脸上画上一些灰尘和泥土的感觉。

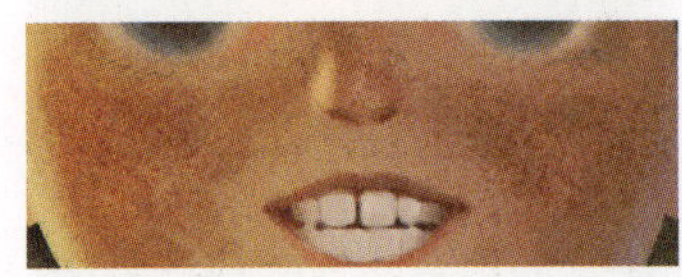

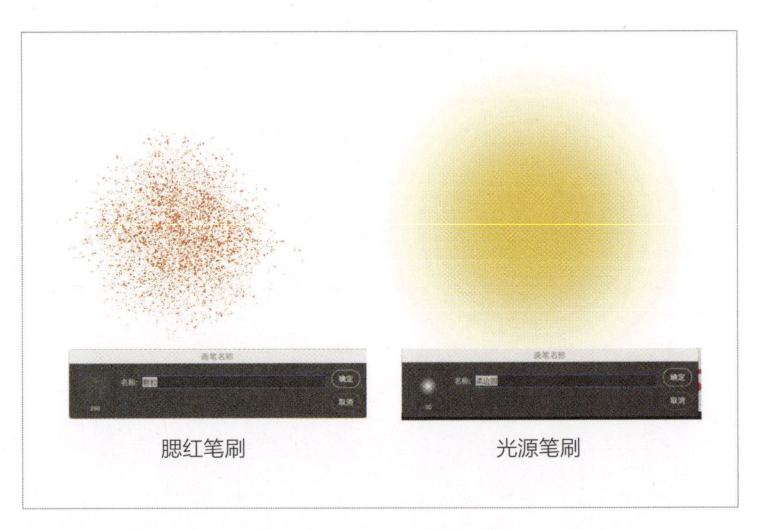

腮红笔刷　　光源笔刷

下面着手刻画衣服的铭牌和徽章，同时也需要统一光源。左侧受光面用圆角笔刷画出渐变的暖色光，设置图层的“混合模式”为“叠加”，平涂一个背光面，再设置图层的“混合模式”为“叠加”，这样衣服的立体感和光感就更加强烈了。

Step 06 叠加纹理。

为了体现男孩衣服的质感，可以找一个斑驳的类似岩石的纹理置于衣服图层之上，调低不透明度，设置图层的“混合模式”为“正片叠底”，然后单击鼠标右键，选择“创建剪贴蒙版”命令，这样纹理就附着在衣服上了。此时，可以发现衣服有了丰富的变化，衣服的质感也非常明显了。

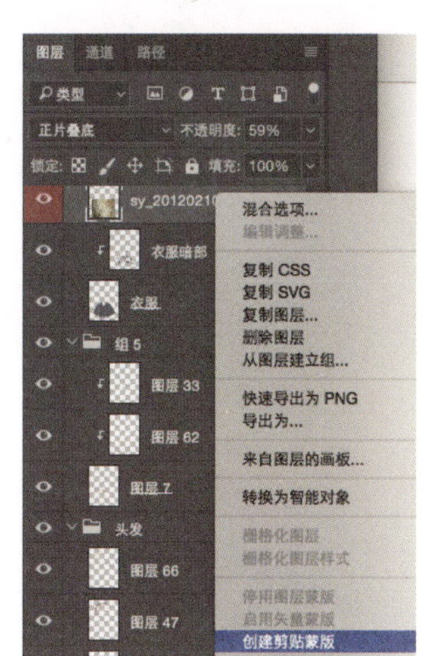

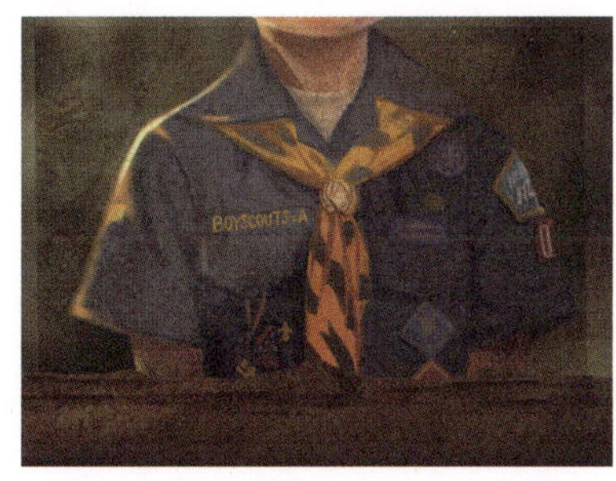

Step 07 完善细节，整体调整。

用圆角笔刷在背景上画出圆形，并为其添加“动感模糊”滤镜，形成影影绰绰的光斑。

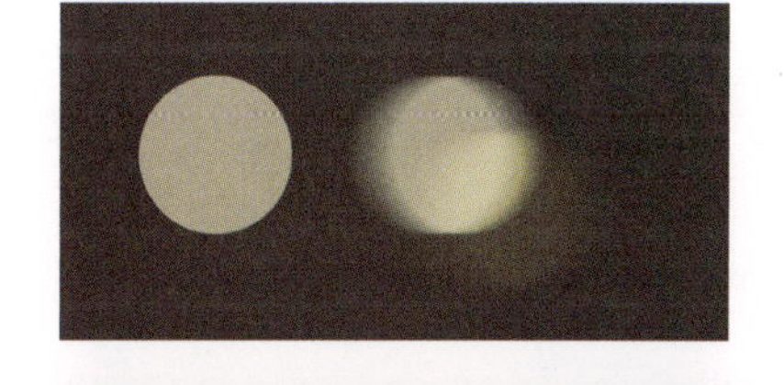

给画面加上有趣的细节：在野外探险的男孩有青蛙先生和尺蠖小姐等小伙伴，蓬松的头发里还住着麻雀探长。这里特意将眼睛的高光画成星星的形状，看起来晶莹剔透的，凸显男孩的纯真。

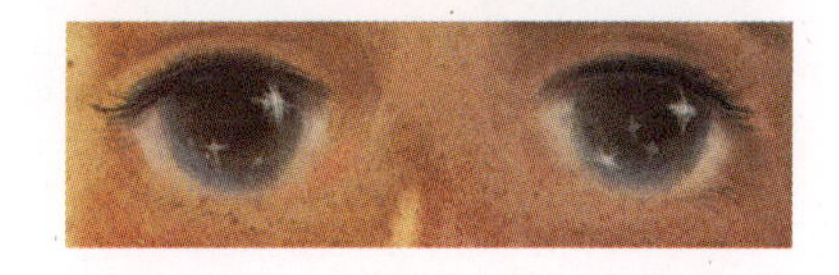

5.1.2 从性格方面入手

案例 害羞的小姑娘

在前面的章节里参考了维米尔大师的作品《戴珍珠耳环的少女》，这里学以致用，本案例的构图也参考了这幅作品。

起稿。用概括的线条画出大的形态，注意头、颈、肩的穿插关系和动势。画出中心参考线和眼睛连线，以及鼻底、嘴缝线的大概位置。无论是什么角度和姿势，只要把头部归纳成一个球体，就能很好地找到五官的透视。根据头部的运动规律，要注意脖子的扭动方向。头发也要顺着球体的弧度来画。在画草稿的时候，一定要从最重要、最基础的结构和参考线开始画，不要被表面复杂的发丝或者单个五官的细节所迷惑。

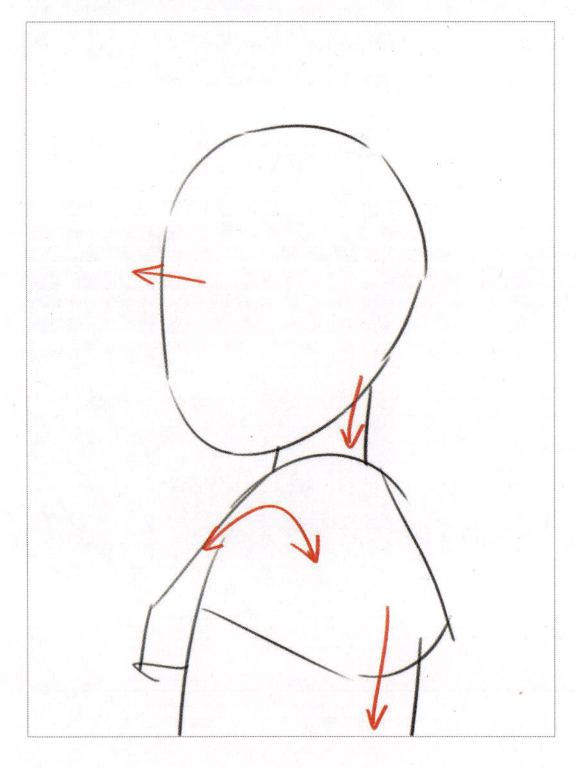

根据基本的参考线，继续完善草稿。这幅画最重要的是眼神的刻画，所以画草稿的时候就开始着重刻画眼睛的形态，而鼻子和嘴巴相对画得小巧一些。在画儿童头部的时候要注意，眼睛的位置稍微低于头部的1/2。

铺大色调。将这张画的基调控制在一个灰色调内，由于颜色的色阶变化比较小，因此用温和的色调表达细腻的情绪。铺色调的时候基本上采用平涂的方式，只有在画头发的时候，因为是卷发，需要顺着头发的波浪形状画出深浅变化，可以用湿介质笔刷，如水彩、水墨笔刷来刻画。

勾线。注意线条不要太生硬，可以到网上下载仿铅笔笔刷，用比较细的笔触勾线。注意线条的长短、曲直、穿插关系。

眉毛通过用小短线排线的方式来表现。眉头较松散；眉峰凌厉、细密；眉尾要收，线条汇聚成一个小尖。

嘴缝线也是相当关键的地方，可以交代出细微的表情。画嘴缝线时注意“一波三折”，像山峰一样有三个转折。嘴角也稍微翘起，变化要丰富，而不是一条简单的曲线。

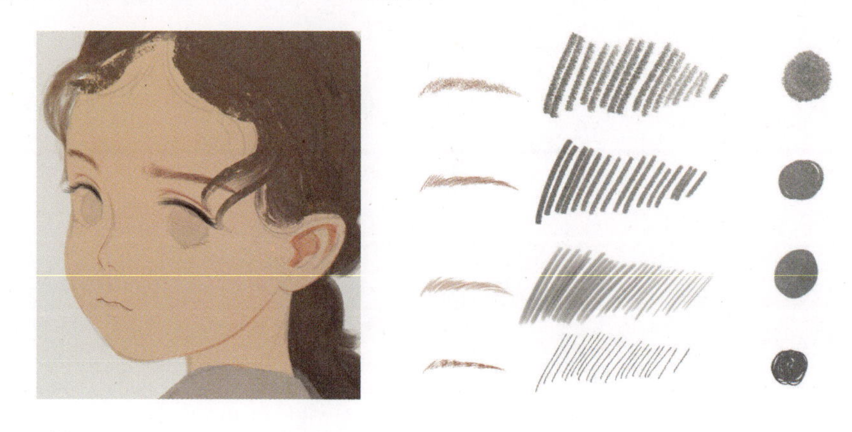

上眼皮和睫毛颜色最深，瞳孔的边缘不要画得太实，像水墨一样从内而外、由深而浅晕染开，与线条感的睫毛形成虚实对比。

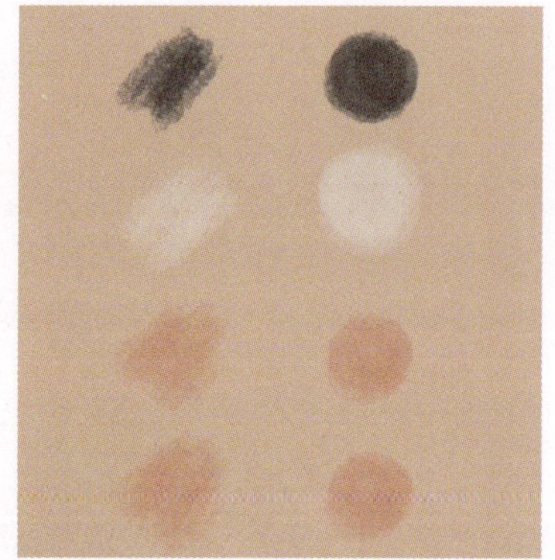

画眼白。眼白不一定要用纯白色来画，那样会显得过于死板。在皮肤颜色的基础上提高明度，形成偏黄的白色，使用此颜色来画眼白。如果觉得这个颜色不好找，也可以用纯白色来画，但是要把眼白图层的不透明度降低一些，这样就会透出下面皮肤图层的浅黄色来。

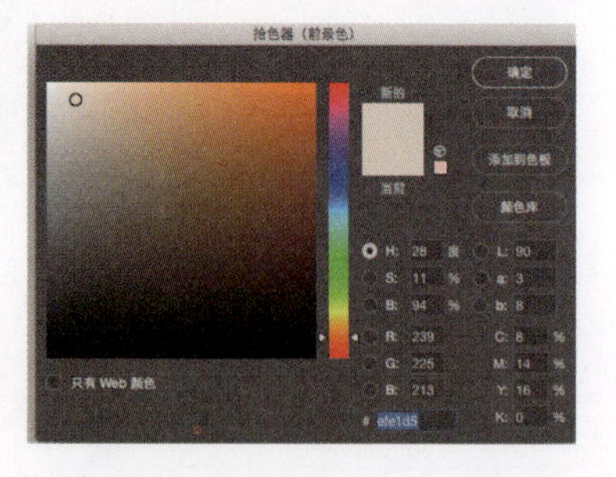

用比皮肤偏红一点的颜色画出皮肤的暗部，注意眼睛周围的明暗。用粉红色画出腮红，注意不要画得太深。用浅浅的橘红色刻画鼻子，注意鼻头的造型。在刻画时，用类似墨水的笔刷可以画出深浅变化，使得颜色的过渡更自然。

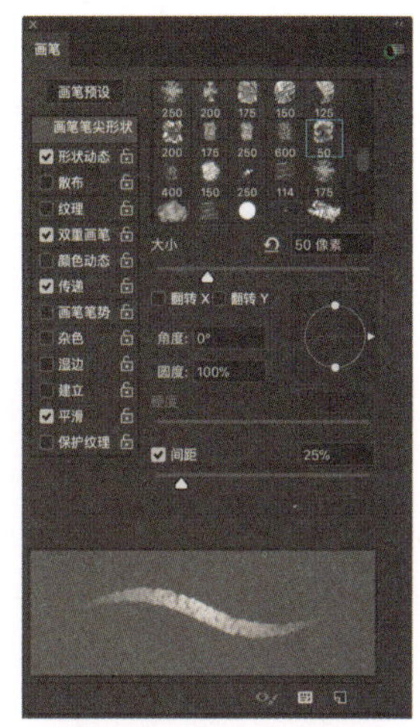

用“模糊工具”或者“涂抹工具”使笔刷的边缘更柔和，这样在画皮肤的时候效果就更真实。

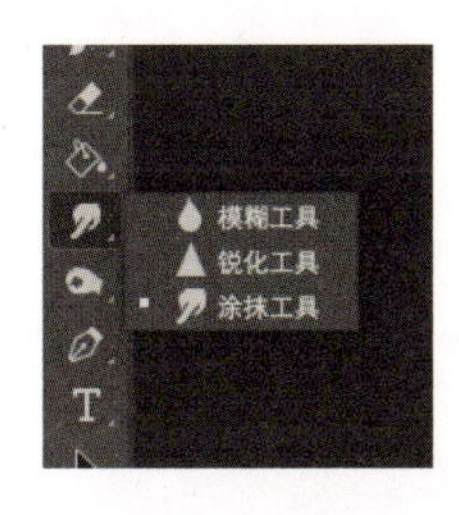

整体加深画面暗部，画出头发的深颜色。

用偏红的赭石色画头发的亮面，暗面的棕褐色相对偏冷，这样可以拉开头发的冷暖对比，也可以帮助塑造头部的体积感。画前额头发的时候注意要画出蓬松和飘逸的感觉，不要画得太刻意。然后画出头发在皮肤上的投影，加强头部的立体感。

用颗粒笔刷画出腮红和鼻头的红色，在额头、下巴处画出浅浅的亮面，画出上眼皮在眼珠上的投影，增强立体感。

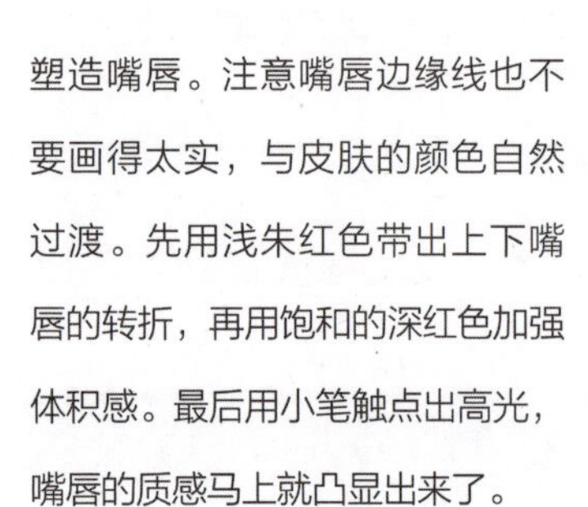

塑造嘴唇。注意嘴唇边缘线也不要画得太实，与皮肤的颜色自然过渡。先用浅朱红色带出上下嘴唇的转折，再用饱和的深红色加强体积感。最后用小笔触点出高光，嘴唇的质感马上就凸显出来了。

用铅笔笔刷细致地描绘发丝，发丝的笔触和颜色与眉毛相呼应。用浅蓝色画出发带，注意明暗对比。藏在耳朵后面的发带，颜色的饱和度和明度都要比前面的低一些。

塑造衣服。勾出衣服的线条，区分亮面和暗面；画出衣服的条纹。在画衣服条纹的时候，注意条纹随着身体结构的变化要有粗细深浅变化。

画龙点睛——画出眼睛和鼻子的高光。本例把眼睛的高光画成了星星的形状，使眼睛有星空的感觉——一幅画要有一个能打动人的记忆点。这也是这幅画的特色。

统一光源。头发、脸部、衣服都用鲜艳的黄色画出被温暖的阳光照射的感觉，整个灰色调的画面马上就被提亮了。最后用颗粒笔刷在背景上画一层浅蓝色，增强画面的质感，整个画面就完成了。

5.2 不同年龄的角色

5.2.1 豆蔻年华

案例 丸子头少女

这幅丸子头少女图借鉴了工笔画的画法，在线条和着色上更细致、平和一些。

此图属于横构图，刻意将人物放在了偏右的位置，在画面左侧留出空白。注意头、颈、肩的穿插关系。如果想更好地理解头部体积感的塑造，可以把头发想象成一顶帽子。然后画出五官的位置和中心参考线。

继续细化草稿，描绘五官。将眉毛画得细长一些，将眼睛画得大一些，注意嘴缝线的弧度。然后擦掉参考线，整体调整一下神态。

选择最普通的圆头笔刷，将笔刷大小调到2～3，像画白描一样描线。线条基本上都是弧线，在描线的时候，要尽量放松，跟随手腕的力量转动画笔。

平铺颜色小窍门：可以先圈出边缘的颜色，然后利用“油漆桶工具”一键上色。

用“模糊工具＋涂抹工具”，把头发的边缘处理得模糊一些，拉开虚实对比。

我们可以把平涂的颜色看成中间色，也就是灰色调区域，在灰色调的基础上，加深暗部，提亮亮部，以此来增强头部的体积感。

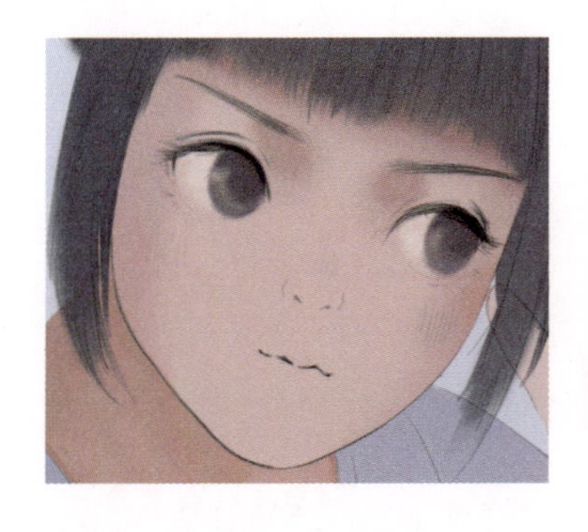

塑造五官。画五官就像化妆一样要循序渐进。眼睛周围是最重要的区域，一般上眼线画得深一些，下眼线要弱化。泪腺附近用偏暖的朱红色或者橘红色来画，而眼尾用偏冷的玫红色加深。因为这幅画中的光线基本上是平光，不需要借助光影来塑造体积感，所以要加强颜色的冷暖对比与饱和度对比来塑造立体感。鼻头用橘红色刻画，颜色偏暖；鼻底用玫红色刻画，颜色偏冷。上嘴唇偏暖，下嘴唇偏冷。眼窝饱和度低，腮红、鼻头、嘴唇饱和度高。

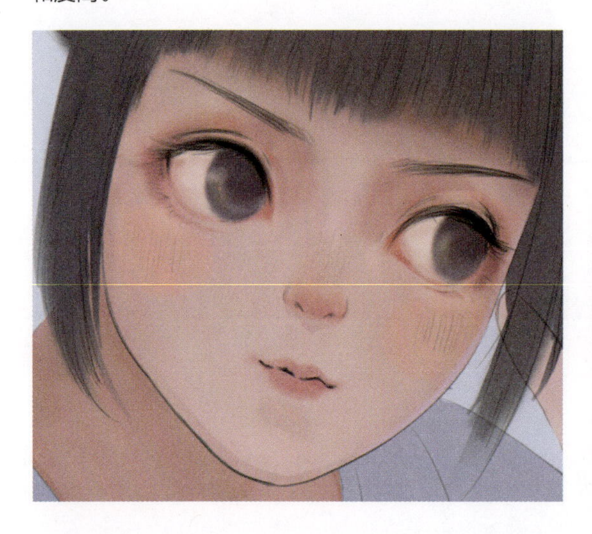

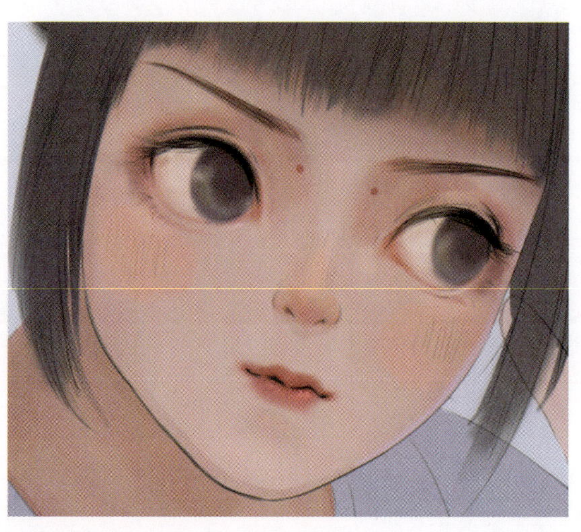

塑造手部。俗话说手是人的第二表情，就是强调手部是传达人物性格特点的重要元素。少女的手一般要画得修长、柔美一些。

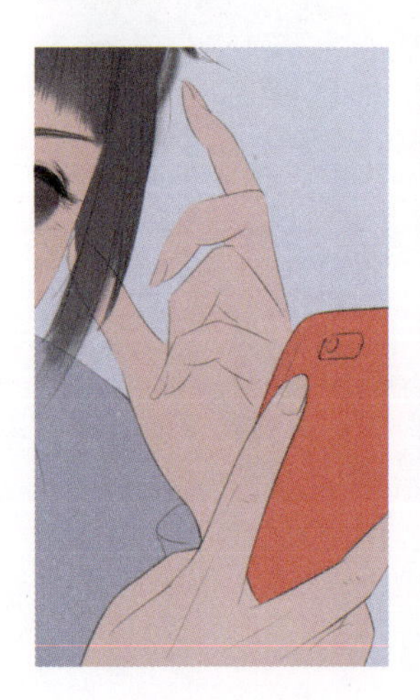

注意区分骨骼和肌肉。可以将手指看成是由4块小柱体连接组成的大柱体，大拇指比较短，少一块小柱体。而关节决定了手指的活动性，小柱体跟随关节转折，形成了千变万化的手势。

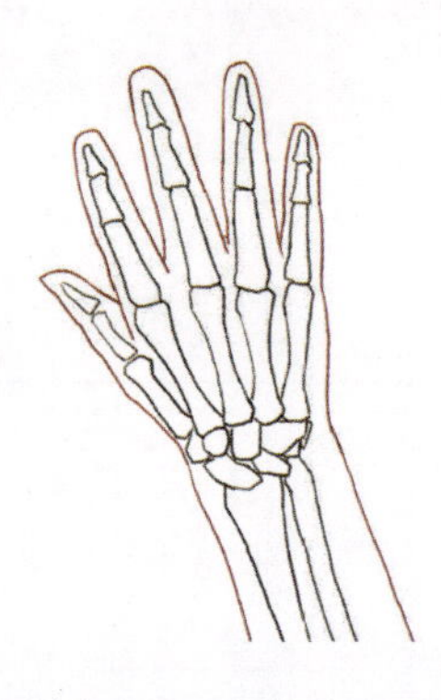

根据骨骼结构塑造手指的体积感，同样用冷暖区分亮部和暗部。通过添加高光来表现指甲的质感，连带着把手机的花纹也画出来。

给头发平铺深冷灰色，用圆头模糊笔刷给头发画一层暖棕色进行过渡。降低发梢处的不透明度，能够透出皮肤的颜色，形成空气感。加深刘海发根的颜色，用浅蓝色细线勾出头发的高光，使头发形成丝丝缕缕的质感。

给衣服区分出亮面和暗面。注意，即使在暗面，颜色也有深浅和色相变化，不要画得太死板。在人物左侧画出偏紫色的反光，提高右侧亮部的明度，右侧背部的反光偏蓝，与左侧形成对比。

至此，各部分基本塑造完成。整体观察画面，回到线稿图层。原来的线稿是单一的黑色，根据皮肤、衣服、头发、手机的不同色相来调整各部分线稿的颜色，使线稿更自然地贴合色稿。特别是头部，要细心地调整，嘴缝线为深红色，鼻孔为橘红色，眼睫毛为深棕色……线稿使皮肤和毛发的质感更强烈。

深入塑造五官。画出眼睫毛的厚度以及它在眼睛上的投影，使眼睛的立体感更强。高光是画龙点睛的部分，把眼珠、眼睫毛、嘴唇的边缘线都画得虚一些，打造一种朦胧感，所以高光虽然很小，但是非常重要。为眼珠、鼻头、嘴唇点上高光，画面立刻变得生动起来。

整体调整，完成本例这幅画的绘制。

5.2.2 古稀之年

案例 矫健的老人

“人生七十古来稀。”无论是哪个年龄段的人，都要保持乐观向上的心态。本节介绍如何画一个写实风格的健朗的老人全身像。

前面介绍了一些偏卡通的人物造型的绘制，本节练习写实造型的绘制，以帮助大家更深入地了解就人体的基本结构。

起稿时，从简单的参考线开始画。画全身像更需要注意各部分的连接，用长直线概括形体，注意头、颈、肩的关系，以及整个人物的动态平衡。

一步一步从简到繁地把人物的外形画出来。注意，在画草稿的时候，不管是大形体还是小形体，都使用“归纳法”去画，用直线概括，整体保持比较松动的状态。多用“对比法”来观照整个形体，比如，画左肩膀的时候，要同时对比右肩膀的位置，来判断左右是否对称；画鼻子的时候，可以对比耳朵或者眼睛的位置，因为正面人像的所有元素基本上是左右对称的。

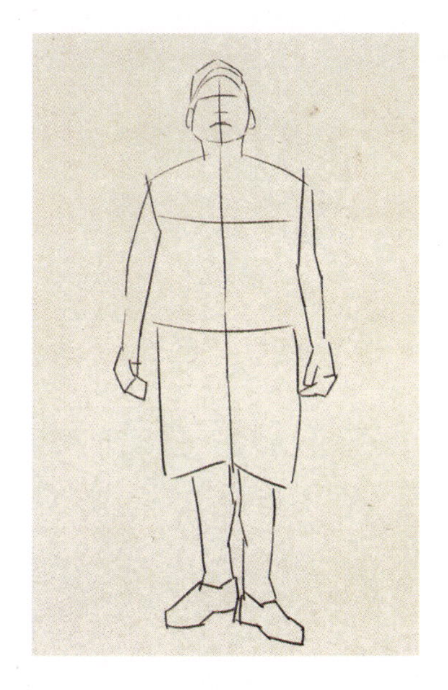

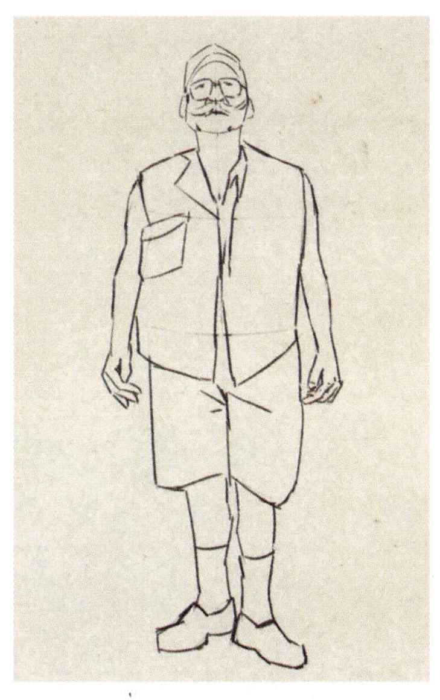

把草稿图层的不透明度降低，用大笔刷平涂颜色，随时关闭草稿图层来观察配色。在配色的时候，尽可能大胆地尝试不同的颜色，直到搭配出一个令人舒服的色调。

塑造头部。顺着草稿的轮廓，重新用颜色勾画一遍五官。这次的画法偏写实，勾画的时候用“以面代线”的方法。也就是说，线条既不是死板的，也不是画工笔画所用的“白描”线条，而是有宽度和厚度的线条，线条变成了“块面”，可以说是有体积的线条。

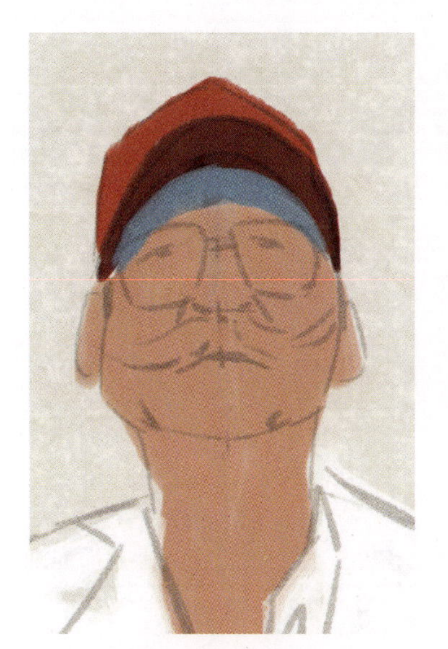

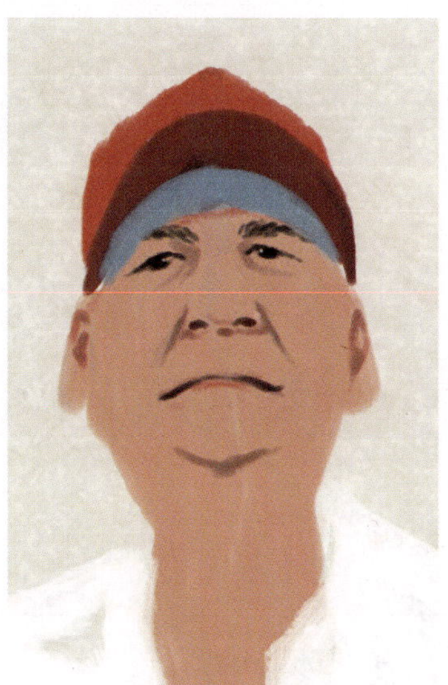

继续用“以面代线”的方式从五官发散开来塑造人物。画面中的光是从顶部照射过来的，即使整个脖子都在暗部，也要注意脖子上的肌肉走向和体积感。先逐渐加深暗部的调子，再画皮肤亮部的高光，同时用冷色画暗部的反光，使皮肤更有透气感。

新建一个图层，画眼镜片，设置图层的“混合模式”为“正片叠底”，镜片的半透明感立马就体现出来了。然后画上镜框。在画镜面上的反光时，利用笔刷本身的宽度，干脆利落地两笔带过。再根据头部球体的特点，把蓝色的头带和帽子的体积感塑造出来。在此过程中，要注意“点到为止”，不要过分深抠细节，这样画面就会呈现出比较松动的感觉，即使后续想再深入刻画，也可以画得更加细致。

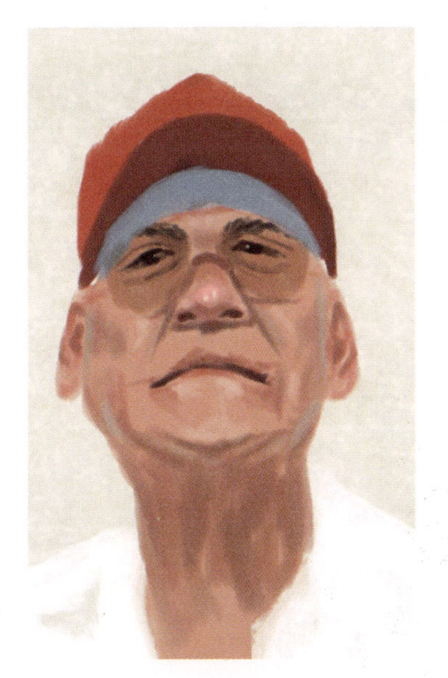

因为衣服本身就是平涂的白色，所以只能往上面添加灰色。注意：灰色也有不同的色彩倾向和明度变化。

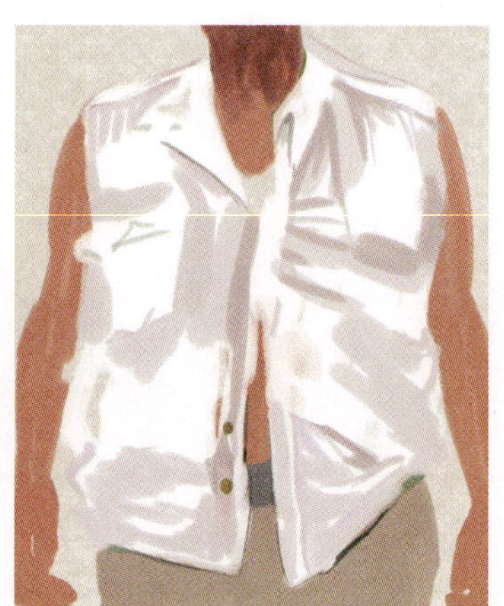

衣服的褶皱是因为人体内部结构的转折和肌肉的拉扯产生的。比如，由于胸部肌肉发达，衣服过于紧绷而产生了横向的褶皱；腹部由于肚子上有赘肉，衣服的扣子没有扣上，显得比较松，因此衣服下方产生了堆叠的褶皱。所以画褶皱时要随着人体的结构和肌肉来画。

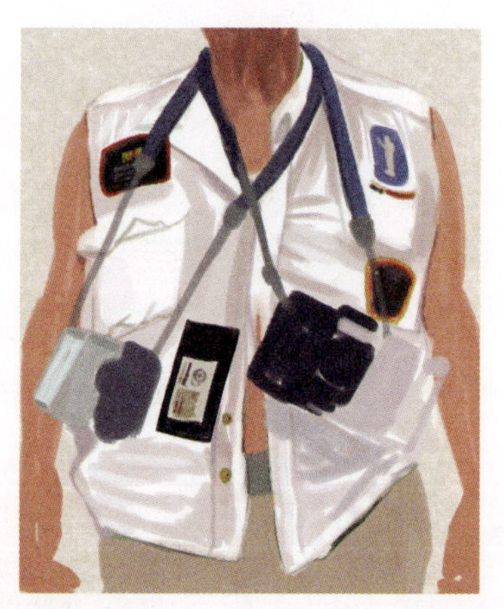

塑造挂在脖子上的相机的细节，让画面丰富起来。注意两部相机的区别，一个呈暖色调，一个呈冷色调。

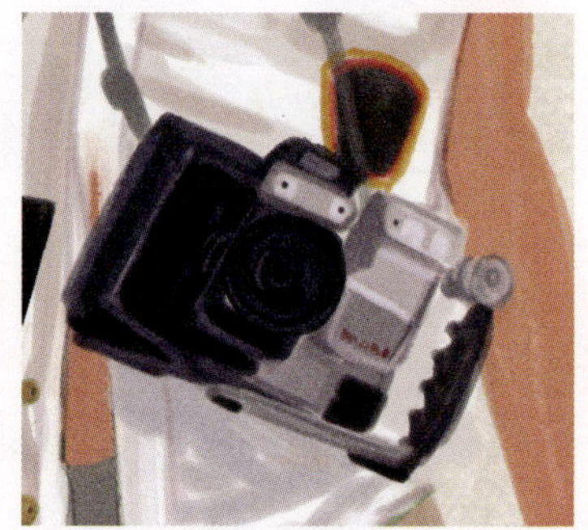

注意区分相机和其他物品材质的质感，巧用相机棱角处小小的高光。

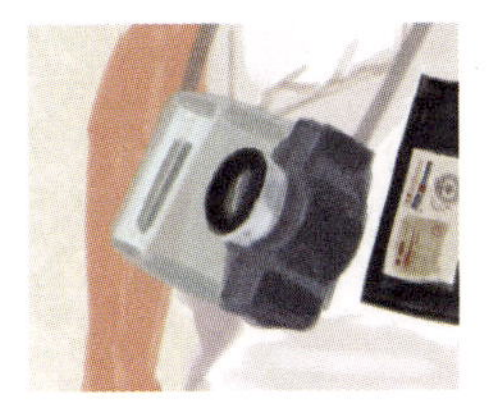
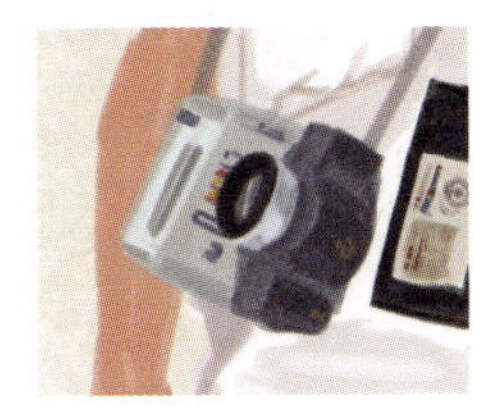
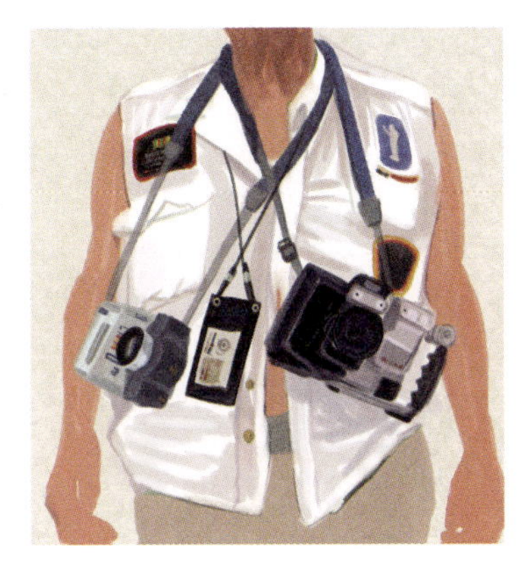

裤子的褶皱和上衣的褶皱形成的原因相同，也要随着人体的结构和肌肉的形状来画。注意画出上衣在裤子上的投影。

依次塑造袜子和鞋子。塑造的方法是从整体到局部：先铺大色调，再区分亮面和暗面，最后刻画细节、添加花纹、提亮高光等。

塑造躯干。注意皮肤的颜色不要太红，也不要太黄，使用一个令人舒服的灰色调即可。腿部在暗部，整体颜色偏深。

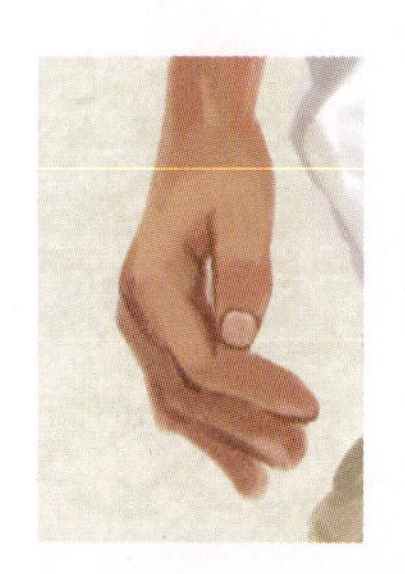

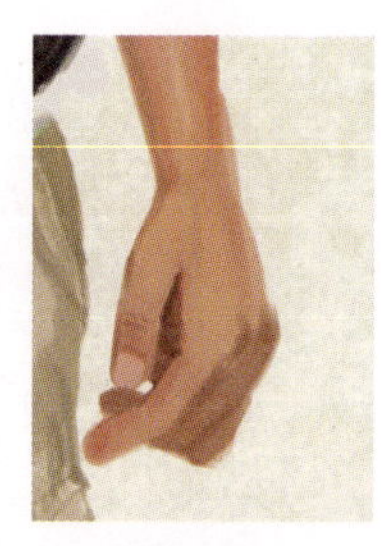

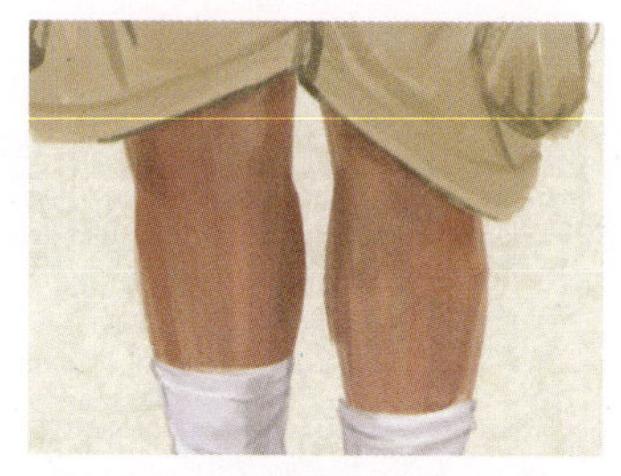

根据自己的喜好添加一些符合画面人物性格的元素。这里画的是一个酷酷的“老顽童”。衣服上的标签、袜子上的脏斑点、手臂上的文身等，都可以凸显这个人物由内而外的性格和气质，甚至可以让人联想到他经常会做的有趣的事情，这样画面就会很鲜活。这些细节可以在完成人物的基本框架之后根据自己的喜好酌情处理。

在网上找一张纹理素材，放在腿部图层的上方，选择“正片叠底”混合模式，在图层上单击鼠标右键，选择“创建剪贴蒙版”命令，这样类似皮肤汗毛的效果就呈现出来了。其他部位的刻画，可以用同样的方法。

我们可以尝试用不同的纹理和图层混合模式来模仿不同的材质。

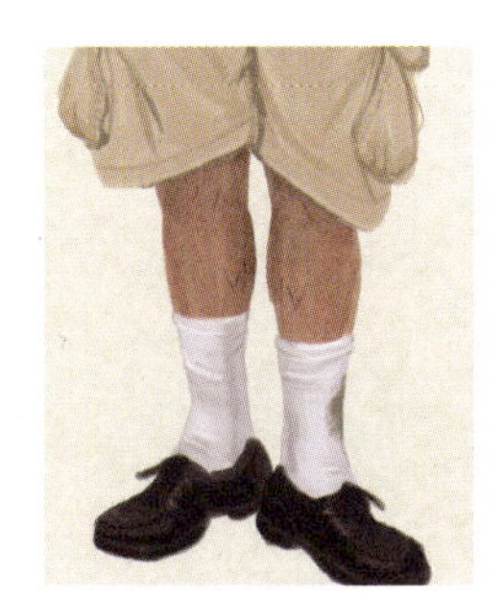

本例用粗糙的水泥纹理增加画面的颗粒感。

再用油画布纹理增加画面的手绘质感。

利用粗糙的纸张纹理使画面有斑驳感。

这种巧妙的方法不仅丰富了画面，而且能做出很多靠画笔达不到的效果，甚至让画面中不同材质的物体显得更加真实、有质感，可谓一举多得。后面会进一步探讨。

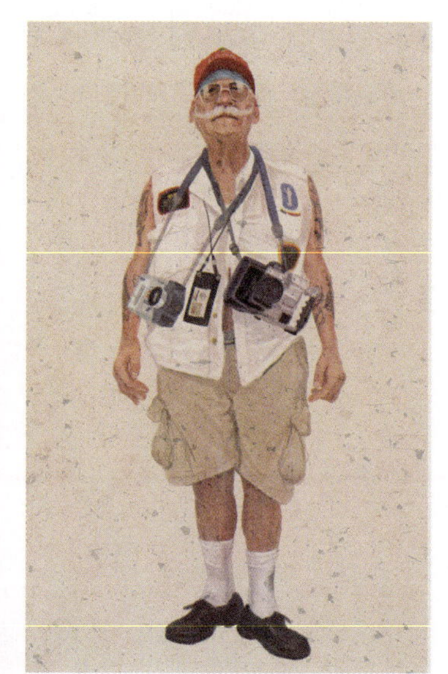

5.3 特殊人物角色

5.3.1 美丽地球

案例 东南亚风情

一般在画人物时，人们大多会画成黄皮肤或者白皮肤，而深色皮肤画得比较少，本节就来画一个带有异域风情的深色皮肤女性。

用概括的长线条起稿。仰视角度使画面非常饱满，具有一种权威感，而三角形构图则使画面很稳定。

人物脸部、头发、衣服被概括成3个大区域，然后在大区域里找出五官和各部分细节的形状。

用深灰色铺背景，奠定整幅画面的暗色基调。在白色底上可以看出每部分颜色的明度和纯度都比较低。铺大色调的时候注意笔触，不需要画得太满、太死板，注意笔触间的透气感。这里使用的是有压感变化的油画笔刷，用笔力度大的地方颜色暗且重，用笔力度小的地方颜色有透明感，所有的边缘都不要画得太实。

头发看起来虽然很复杂，但可以用讨巧的办法来表现头发毛茸茸的质感。在网上搜索毛发笔刷或者水墨笔刷，只要是有压感不规整的笔刷其实都可以巧用，不拘泥于这里特定的笔刷。然后按照头发炸开的方向一缕一缕地画出来，用画笔和笔刷相同的“橡皮擦工具”交替使用来确定头发的外形，发梢处可以带一些暗红色。

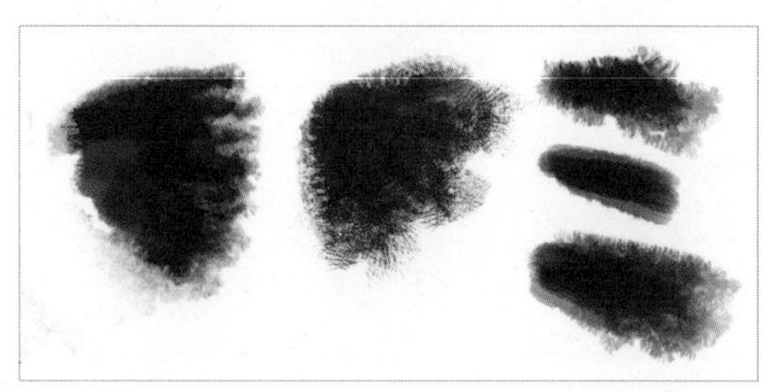

用有质感的笔触在脸部的结构处画出深浅变化，在脸部图层的上方建立一个新的头发图层，用虚化的头发覆盖住脸部边缘，用虚实相生的手法来确定脸部的形体转折。

塑造脸部，增强头部体积感。欧美女性的五官很立体，体现在眼窝比较深，眉弓、颧骨、鼻梁骨等比较突出。增强体积感以后，再开始像化妆一样塑造五官，在黄褐色肌肤上用饱和的橘红色画上腮红，腮红的笔触也能更进一步体现颧骨的转折。

眼珠是一个被上下眼皮包裹着的球体，用深褐色画出上下眼皮的体积感，再画眼珠和瞳孔。一般来说，上嘴唇颜色要偏暖，也更深一些，可以加些大红色或者朱红色；下嘴唇的颜色偏冷，可以加些紫红色或者玫红色。

擦除草稿线，先虚后实，在五官边缘都虚的基础上再一次用实的线条仔细勾勒五官，并点上晶莹剔透的高光。

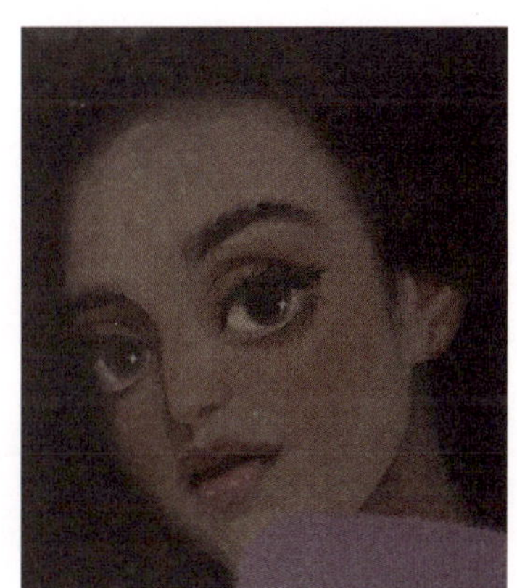

下面用写意的方法来完成衣服的绘画。先根据自己的喜好或者画面的需求找一张纹理图，也可以自己画一张纹理图。把纹理图层放在衣服图层的上方，选择“正片叠底”混合模式。纹理的颜色和衣服本身的紫色混合在一起形成了自然的过渡。

在纹理图层上单击鼠标右键，选择“创建剪贴蒙版”命令，纹理就被“圈”在了衣服图层里。

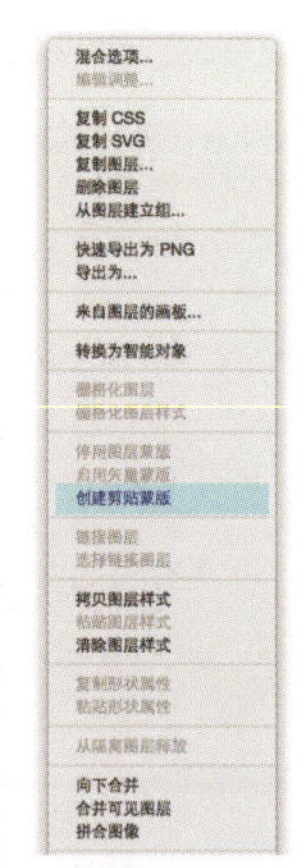

用饱和的紫色和绿色叠加在衣服亮部，设置图层的“混合模式”为“柔光”，单击鼠标右键，选择“创建剪贴蒙版”命令。最后用醒目的金色勾勒原本纹理上的图案，画出衣服纹理鎏金的效果。注意，视觉中心的金色更亮，应适当减弱背部和腿部的金色。

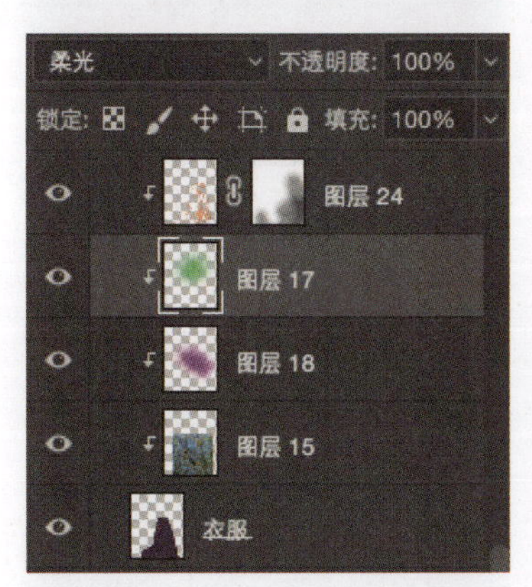

过渡背景的颜色，使其产生深浅变化，让背景变得更加自然和通透。

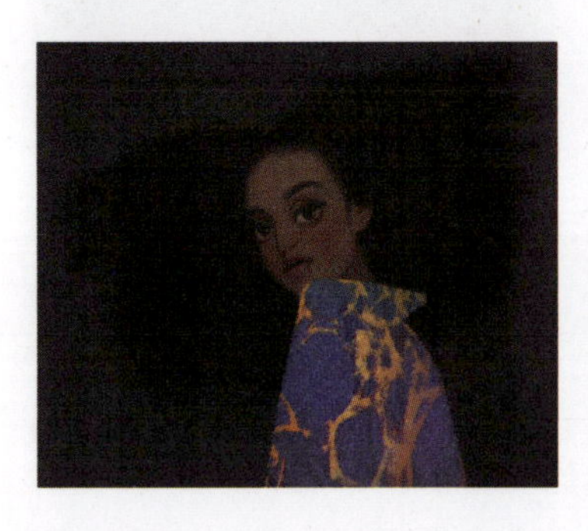

在头发顶部叠加红棕色形成冷暖对比。蓬松的头发是画面中最暗的部分，我突发奇想，在头发里画出了具有深浅变化的星空，选择“外发光”图层样式，形成了超现实的效果。

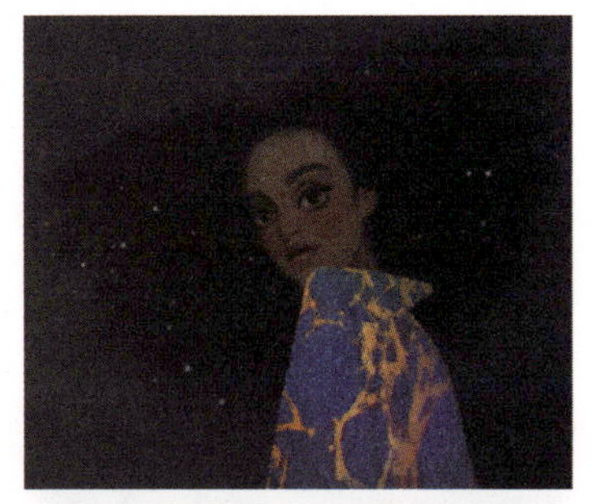

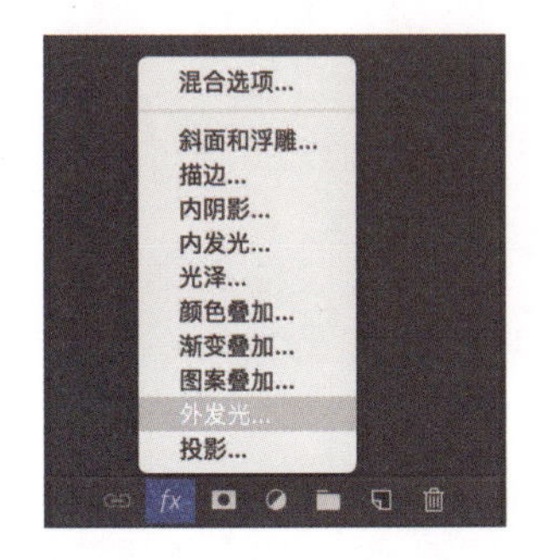

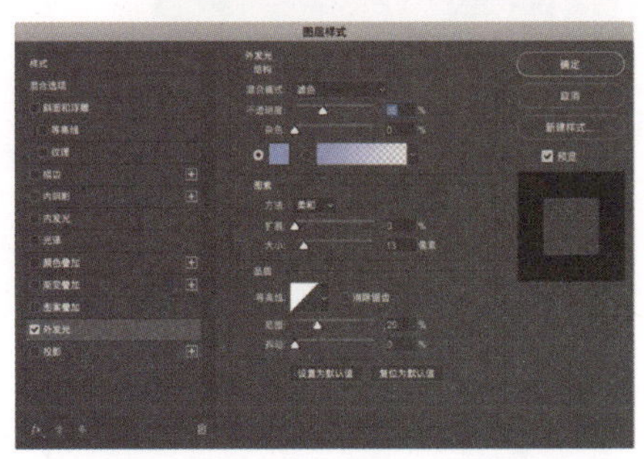

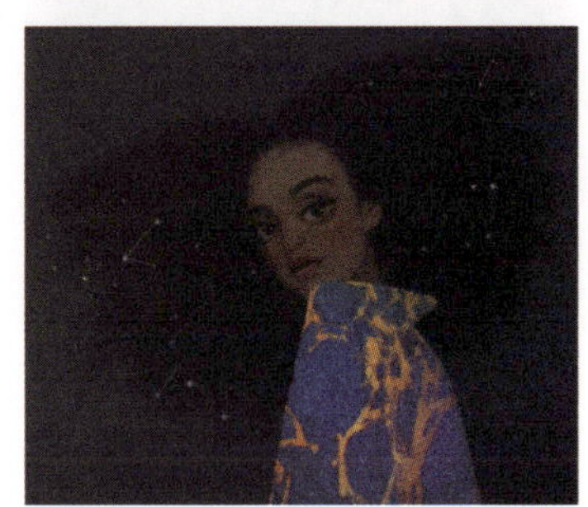

加强主题，使各部分互相呼应。画上金色的耳环，在鼻子上也画上金色的线条，金色线条贴在脸部形成的起伏变化也能加强鼻子的立体感。

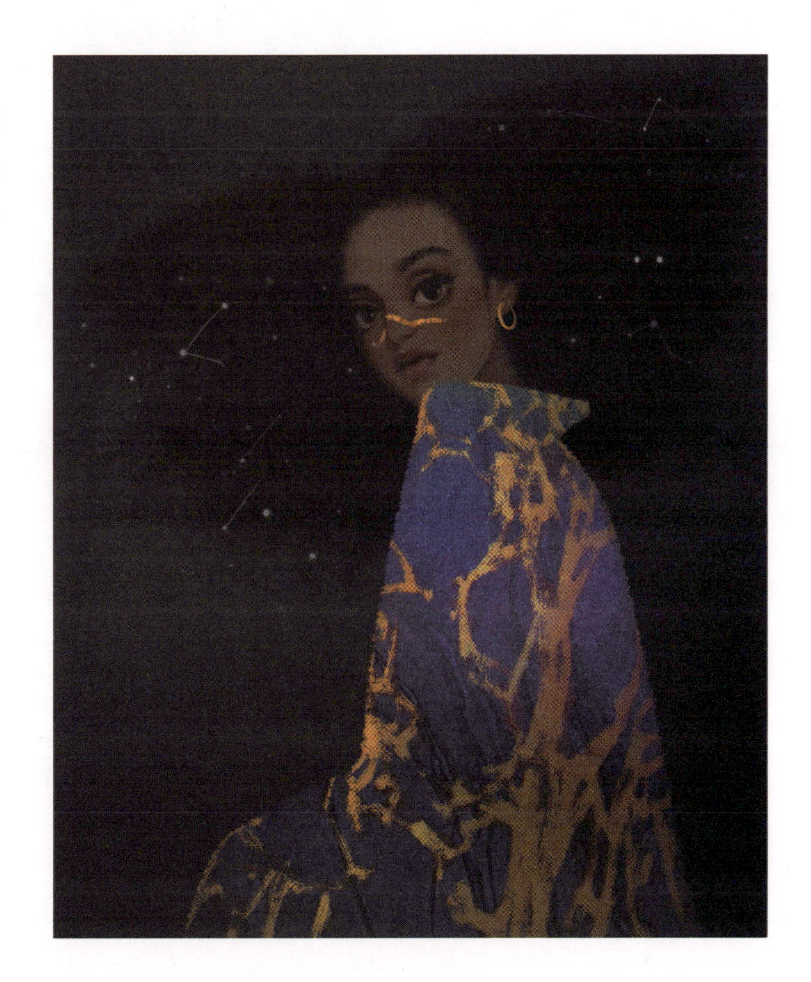

最后进行整体调整，提高画面亮度，增强画面的对比度和饱和度，使金色在黑色基调里更加突出。

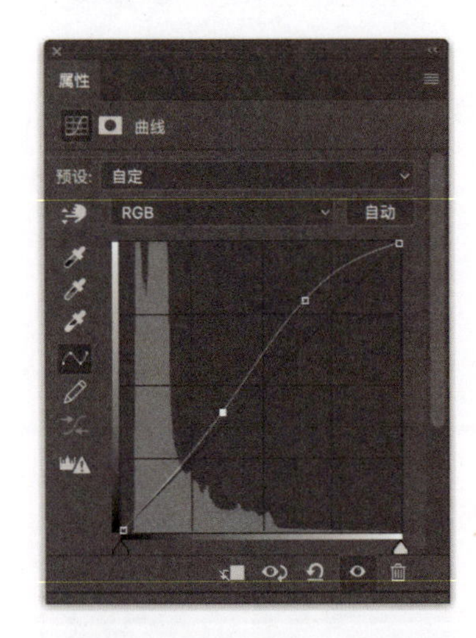

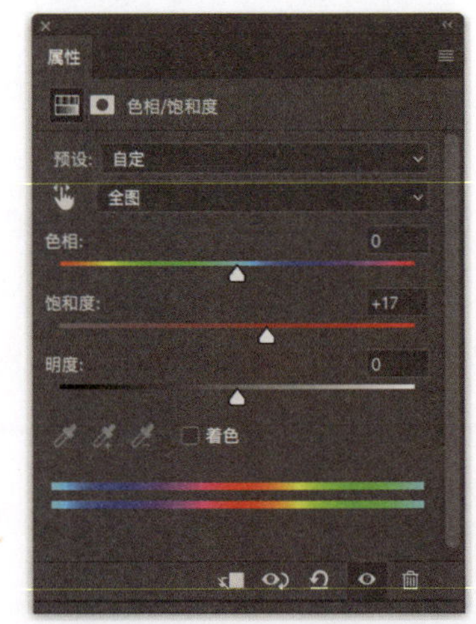

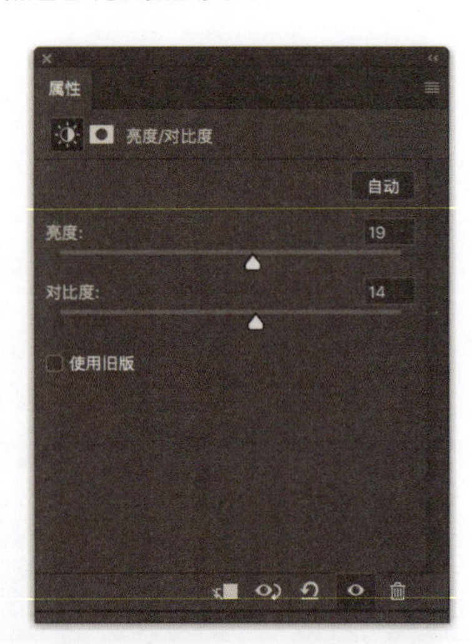

整体调整这一步是很关键的。画完之后应反复看，或者可以把画面缩小以更好地观看全局。这幅图完成之后，虽然整体颜色有点灰暗，但是经过调整后，画面的视觉冲击力变得更强了。

5.3.2 主题人物

案例 小红帽和狗

前面介绍了单个人物的肖像画法，本节将综合利用前面所学知识绘制小红帽和狗的场景。

本例将面对一个新的挑战，单个人物肖像只需处理人物自身的色彩明暗关系，而场景中的人物，不仅要塑造好单个人物形象，还要兼顾人物与人物之间的互动、人物与场景的相互影响、人物与光源方向的统一等。

更重要的是，在开始画的时候就要嵌入故事情节，也就是说，真正的工作是在技法的基础上给画面带入情感，让观者能跟着进入画面。

用概括的线条起稿，并用辅助线和透视线帮助确定构图。

细化草稿，区分出整个场景的明暗关系，后期上色的时候要时刻遵循这个明暗关系，就能让画面的节奏保持统一。

整个构图有意思的地方在于通过墙面、投影和背景街道把画面分成了3大块。

铺出大色调，这里用了经典的红色、蓝色、黄色进行搭配，3个色块的比例分配给画面一种平衡的仪式感。

用Photoshop可以画出水粉画甚至油画的感觉，需要使用特殊的笔刷。在Photoshop中就有类似油画效果的笔刷，只需把所有的笔刷都添加到笔刷面板中即可。即使没有找到适合的笔刷，也可以用一款普通的方头笔刷，在画笔设置面板中选中“纹理”“传递”“湿边”3个复选框。这样即可达到半透明、有轻重深浅且可以混色的笔刷效果。

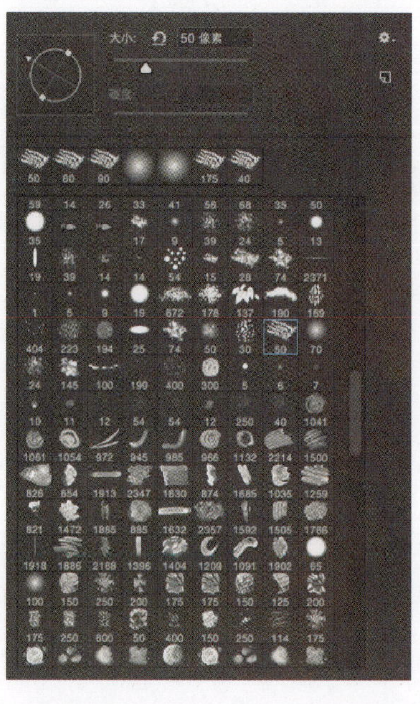

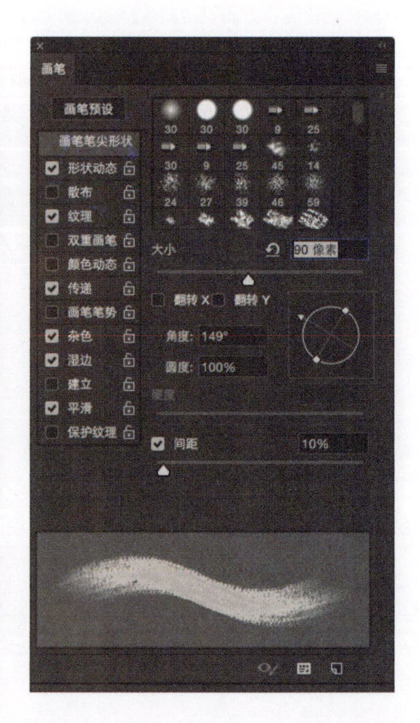

给人物上色时，基本采用平涂的方法，旨在统一画面整体的色调。大面积的红色和黄色奠定了画面的暖色调，小面积的青色和蓝色又活跃了画面的气氛。采用大笔触和小笔触结合使用的方式，将背景使用大笔触平涂，人物毛发用小笔触更能贴合质感。狗的毛发用小笔触以松动的手法进行描绘。

场景一般采用从后往前画的方法，也就是先画远景再画近景，这样比较容易控制画面的空间关系。

在画远景的房子和街道时，要时刻想着画草稿时区分的明暗关系。在上色时也要注意整个远景都处在亮面，所以远景的明暗对比很弱，不要把远景的暗面画得太深。

笔触要大胆、概括，稍微交代一下门窗、屋顶即可，并不需要刻画太多细节。可以用冷暖色调对比来区分房子的亮面和暗面。

将油画布纹理、岩石纹理叠加在街道上，设置图层的“混合模式”为“柔光”。

同样，在房子上叠加一层纹理，设置图层的“混合模式”为“柔光”。这里大家可以酌情选择各种纹理和混合模式，达到丰富画面的效果。

塑造商店。暗部用深紫色加强对比，并点缀蓝色来平衡冷暖关系。在红色的墙面中加入黄色、玫红色、紫灰色进行调和。

在招牌上写上广告语。这幅画的故事情节是小男孩带着狗狗来买饼干，结果饼干卖完了。商店的招牌是揭示主题的关键元素。

塑造一下投影中的路面和台阶，让地面的质感和后面的街道统一。

叠加一张铅笔画的纹理，调低不透明度，设置图层的“混合模式”为“柔光”。

观察一下整体画面效果，场景部分基本完成了，接下来开始塑造人物。

找出衣服的层次。店主穿的是白大褂属于画面暗部里的亮色，因此，既要体现白色衣服的质感，又不能画得太暗，所以对比度不能太强。

勾勒五官，用具有线条感的笔触画头发。注意区分头发的颜色和商店阴影的紫色，不要混到一起。将人物的受光部分统一添加暖黄色的光源。

画狗狗的时候，笔触贴合狗狗毛发的质感，用细碎的小笔触以松动的手法区分大的色块。在颜色里找形，画出狗狗的五官，并加深暗部，最后给狗狗也披上一层暖黄色的光线。

从头部开始塑造小男孩，先平涂颜色，再找明暗块面关系，最后添加细节。

注意刻画小男孩失落的表情，把情绪带入画面中。因为是冬天，因此要在人物身上体现季节的特点，例如，衣服圆鼓鼓的重量感、被冻红的脸蛋和鼻子、系得紧紧的围巾等。

为了加强明暗对比关系，表现衣服的质感，这里找了一个牛仔纹理叠加在衣服上，将图层的“混合模式”设置成了“柔光”。

整体调整。各部分可以采用不同的纹理和图层混合模式，制造出丰富的画面质感，增强色调的对比度。

小作业

尝试画一幅完整的人物肖像画，既可以是自画像，也可以画家人、亲戚、朋友或者某个明星、模特。通过画草稿、配色、塑造、调整这4个步骤来完成，画得慢不要紧，但是要思路清晰、有条不紊。

Chapter 06

Photoshop 的优势与使用技法

6.1 学会自己制作纹理

6.2 综合材料介绍

6.3 Photoshop 拟油画效果技法

6.4 Photoshop 拟彩铅效果技法

6.5 Photoshop 拟版画效果技法

6.6 画面中的颗粒感

6.1 学会自己制作纹理

由于材料不同，物体表面的组织、排列、构造各不相同，因此会产生粗糙感、光滑感、软硬感。纹理又称为质感。平时用手触摸能感觉出不同物体的不同质感，由于人们触摸物体的长期体验，以致不必触摸便会在视觉上感到质地的不同，称为视觉质感。

纹理给人各种感觉，并能增强形象的作用与感染力。视觉纹理是一种用眼睛感觉的纹理,如屏幕显示出的条纹、凹凸花纹等,都是二维平面的纹理。

用计算机绘画，除了矢量绘画，就是利用二维平面的纹理来达到丰富画面、还原真实效果的目的。

画面纹理要如何制作呢？有很多方法能完成不同的画面纹理效果，这里介绍最常用的两种方法，更多的方法需要大家自己去发现和创造。

1．笔刷

笔刷是作画不可或缺的工具，在掌握了基本绘画技能之后，拥有一些不同效果的笔刷就像得到了点睛石一样，能够让画面展现更多的可能性。

图中速写使用的是水墨笔刷，粗糙大气的毛笔效果让手绘的质感更强烈。

打开“画笔预设”面板，可以看到笔刷的相关参数。制作粗糙毛笔笔刷，需要在“画笔笔尖形状”栏里选中“形状动态”“纹理”“双重画笔”“平滑”4个复选框；制作水墨晕染笔刷，需要选中“形状动态”“双重画笔”“传递”“平滑”4个复选框。不同的画笔参数可以制作不同的画笔效果，如果想自己制作笔刷，也可以在“画笔预设”面板里调节参数来生成新的画笔。

下面以一个没有任何效果的圆头笔刷为基础来制作自己的笔刷。

粗糙毛笔笔刷效果

水墨晕染笔刷效果

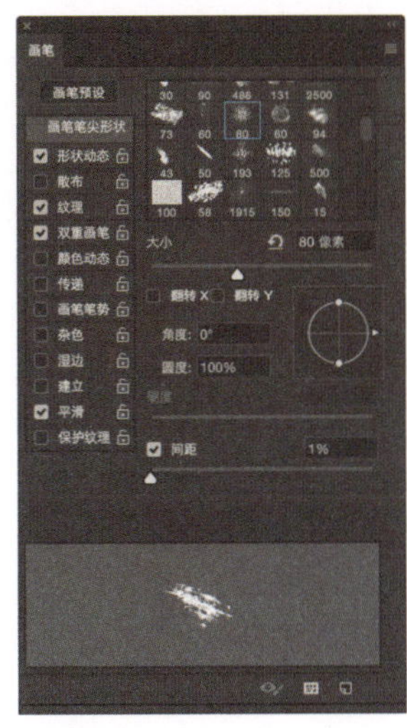

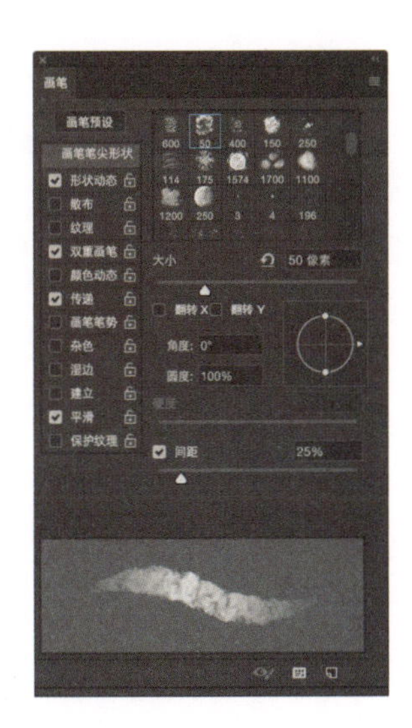

基础圆头笔刷预设面板里没有任何参数。

选中“纹理”复选框，选择所需纹理，并调节各个参数，可以看到画笔效果发生了明显的改变（参数没有固定值，大家可以自行尝试不同的参数组合来生成画笔效果）。

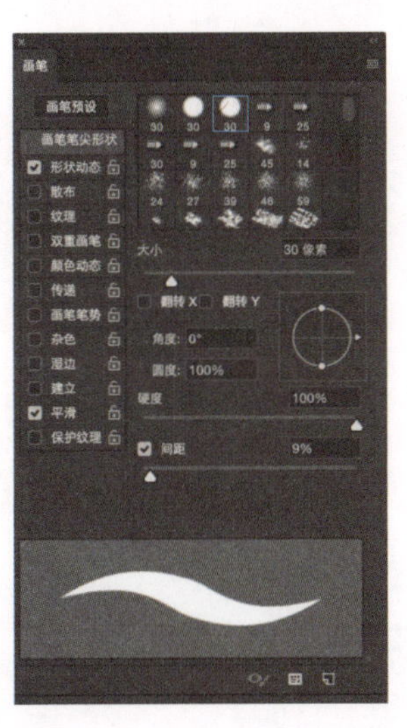

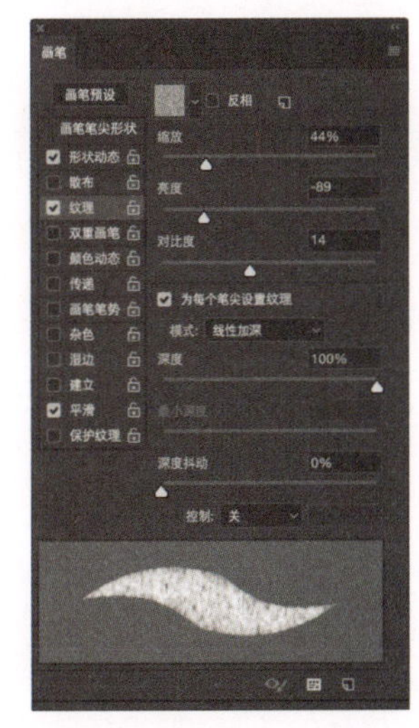

选中“双重画笔”复选框，则笔刷效果发生了巨大的变化。所谓“双重画笔”，顾名思义，就是把两个画笔叠加在一起来生成新的画笔。

同样的道理，可以在“画笔笔尖形状”栏里选中不同的复选框，并且调节每一项参数，来生成专属于自己的画笔。

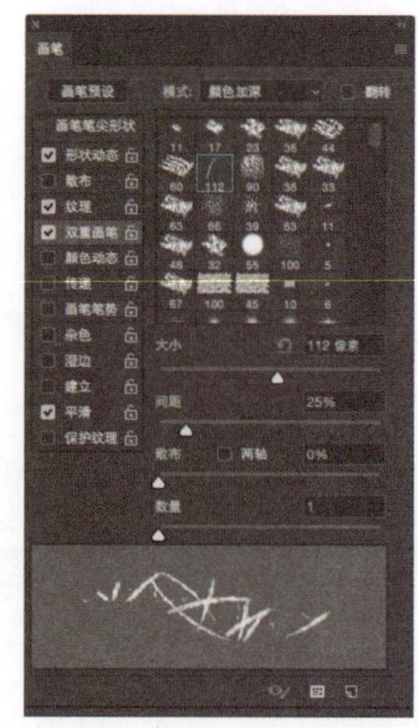

2．纹理

前面介绍过在画面中如何使用纹理。要获得纹理不仅可以从网络上查找购买或下载，也可以自己画纹理或者拍摄纹理。

不同纸张的纹理效果

我们可以直接以纸张纹理为背景来模仿纸上的绘画效果。在这幅图中，整体叠加了一层“油画布纹理”。

绘画笔触纹理

笔触纹理可以用在画面中想要模仿手绘质感的地方。

在纸上用不同的颜料绘制图案，然后通过拍摄或者扫描的方式，在Photoshop里调整一下颜色的对比度，就可以直接使用了。

在这幅图中，在黄色上衣和白色帽子上叠加了“铅笔笔触纹理”，在裤子上叠加了“水彩纹理”。

原图

叠加纹理

岩石、地面纹理

在画面中可以叠加这种自然形成的纹理，如在画墙面、地面的时候。

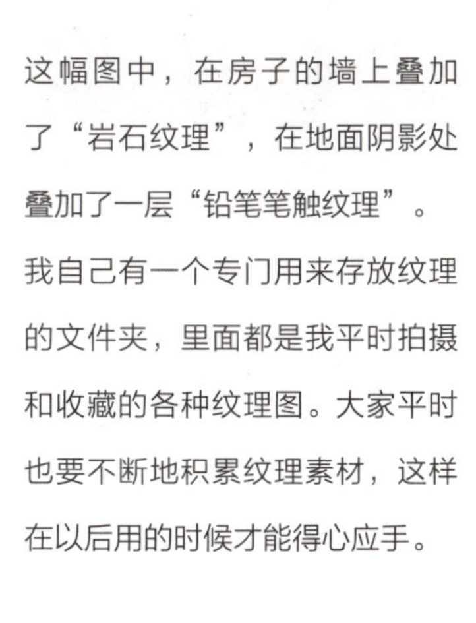

这幅图中，在房子的墙上叠加了“岩石纹理”，在地面阴影处叠加了一层“铅笔笔触纹理”。我自己有一个专门用来存放纹理的文件夹，里面都是我平时拍摄和收藏的各种纹理图。大家平时也要不断地积累纹理素材，这样在以后用的时候才能得心应手。

原图

叠加纹理

6.2 综合材料介绍

案例 巧用Photoshop制作综合材料绘画效果

传统绘画类型包括：水彩、水粉、油画、水墨画、壁画、版画等。

常用绘画工具包括：铅笔、彩铅、马克笔、毛笔、粉笔、油画笔、油画棒等。

常用绘画的纸张包括：水粉纸、素描纸、宣纸、绢、油画布、木板、黑板等。

综合材料绘画是指使用非传统材料绘画。也就是说，在一幅画里可以使用不止一种颜料和材质，可以混合使用多种材料，比如粘贴报纸、麻袋、金属，然后再用颜料作画，还会结合使用一些绘画技术和装置技术。

水彩纹理效果

油画纹理效果

水墨纹理效果

壁画纹理效果

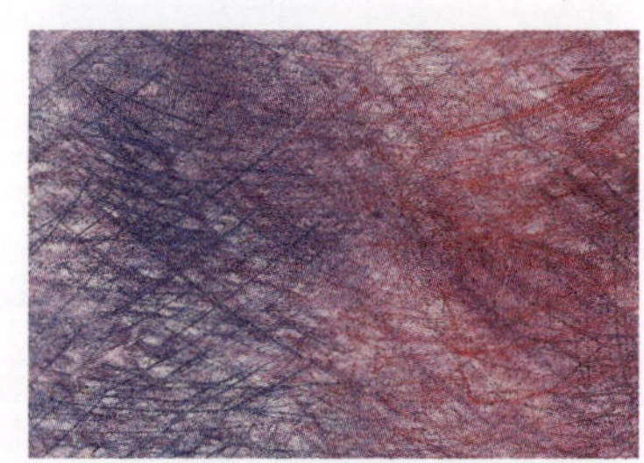

彩铅纹理效果

版画纹理效果

用Photoshop作画同样可以用各种方法、各种材质，实际上就是用不同的方法仿制不同材料的混合效果，只是呈现的方式不一样。

在这幅实验作品中，使用了很多不同的技法和材料，人物部分模仿油画笔触，为衣服叠加了皮革、报纸纹理等，给头发贴了金箔，背景则模仿日本版画……

绘制草稿。草稿可以明确画面的黑、白、灰关系。心中可以预想一下哪些部分用来贴纹理，以及贴什么纹理。
这次绘画从维也纳分离派大师克利姆特的画作中汲取了很多“营养”。

克利姆特的作品中既有象征主义绘画内容的哲理性，同时又具有东方的装饰趣味。他注重空间的比例分割和线的表现力，以及形式主义的设计风格。克利姆特作品中非对称的构图、装饰图案化的造型、重彩与线描的风格、金碧辉煌的基调、象征中潜在的神秘主义色彩、强烈的平面感和富丽璀璨的装饰效果，使画面弥漫着强烈的个性气质，对绘画艺术和招贴设计都产生了巨大而又深远的影响。

铺出大色调。将粉色和浅蓝色搭配在一起，会在视觉上形成比较舒适的效果。这幅画以浅蓝色为背景，所以人物的皮肤底色使用粉色，用墨绿色作为画面的深颜色来沉淀粉色和浅蓝色的轻柔。

塑造人物，勾勒五官的形状。从结构出发，通过加深暗部、提亮亮部，增强人物整体的体积感。

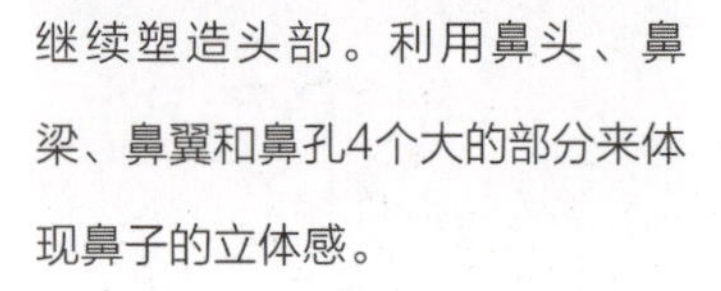

继续塑造头部。利用鼻头、鼻梁、鼻翼和鼻孔4个大的部分来体现鼻子的立体感。

塑造头部道具。皮带要随着面部起伏来画，塑造石膏面具时要注意石膏的质感特点。

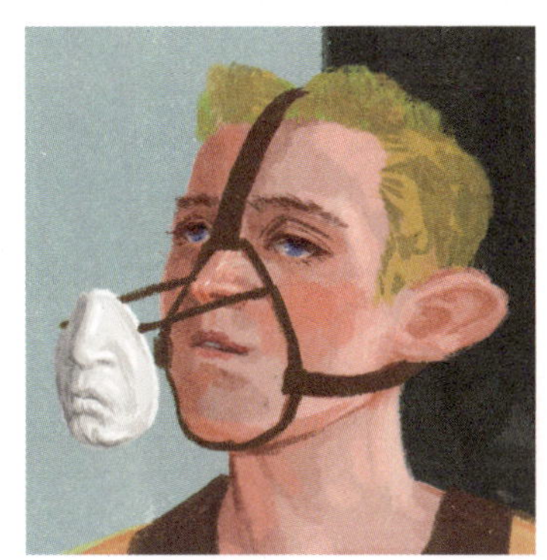

画面进行到这一步就可以开始贴各种纹理了。实际上，贴纹理就像小时候做拼贴画一样，找到合适的材料拼贴在画面中。在Photoshop中贴纹理就是把不同的材料纹理覆盖在想要贴纹理的图层上。

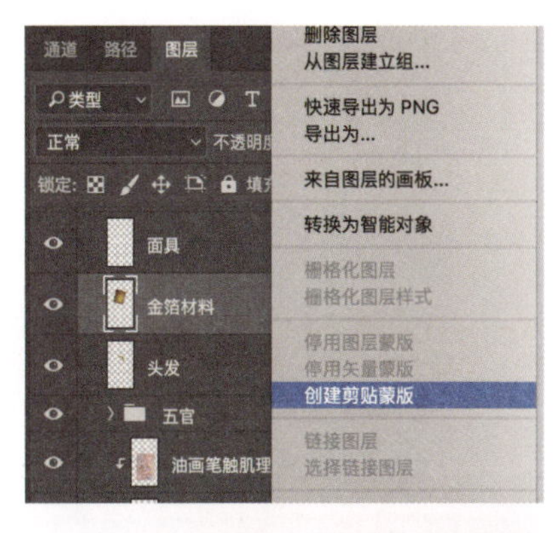

给头发和面具支架覆盖一层金箔材料纹理，在纹理图层单击鼠标右键，选择“创建剪贴蒙版”命令，使金箔材料纹理叠压在头发图层上。

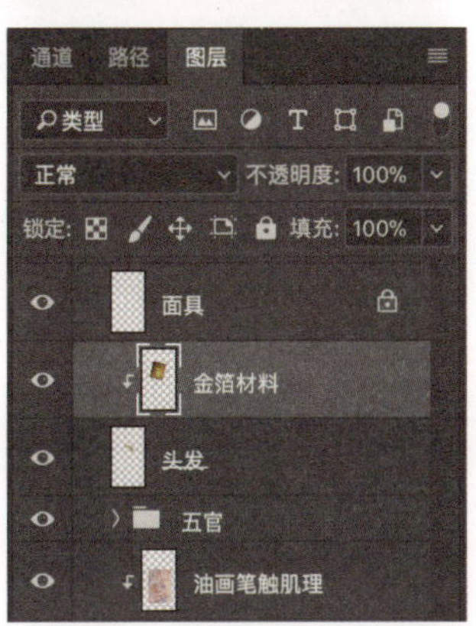

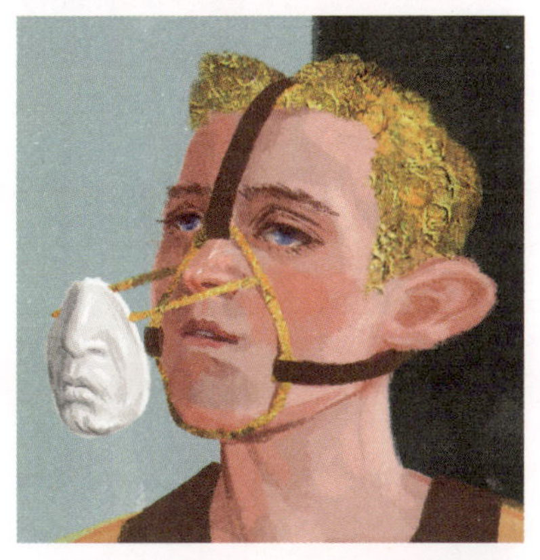

给皮带覆盖一层皮革材料纹理。

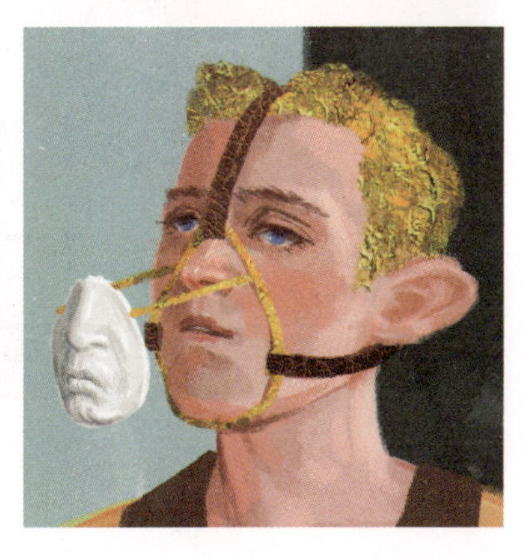

给石膏面具覆盖一层颜色有冷暖变化的纹理，设置图层的“混合模式”为“柔光”，适当调低不透明度，使石膏面具有颜色的冷暖变化。

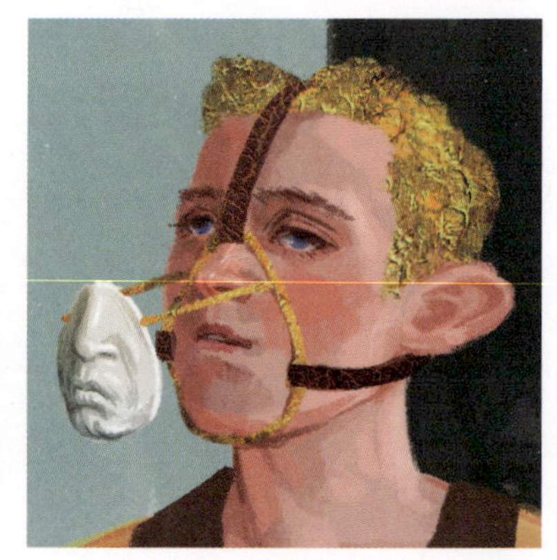

给皮肤覆盖一层油画笔触纹理，设置图层的“混合模式”为“柔光”，并适当降低不透明度。

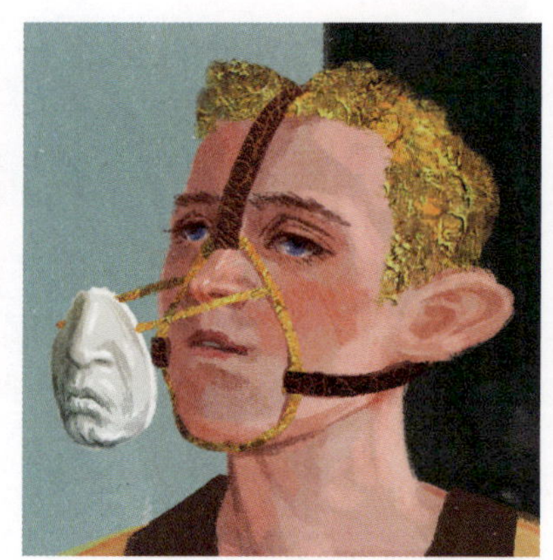

给马甲分别覆盖皮革材料、油画笔触、颜色渐变3层不同的纹理。

衣服：马甲

+

皮革材料
图层混合模式：正片叠底
不透明度：100%

+

油画笔触
图层混合模式：柔光
不透明度：100%

+

颜色渐变
图层混合模式：强光
不透明度：60%

=

衣服：马甲最终效果

在马甲的袖子处覆盖报纸纹理，设置图层的“混合模式”为“强光”。

绘制前层的植物枝干和叶子，在其中一片叶子上画满小三角形图案。

给植物覆盖岩石材料纹理，再给右侧装饰三角形图案的叶子覆盖金箔材料纹理。

分别给植物覆盖不同的纹理图，可以根据画面需求和自己的喜好，并结合颜色进行搭配，尽量做到丰富、和谐。

在背景画上简约的雪山、满月、云朵，先给月亮覆盖一层金箔材料纹理，再给整个浮世绘风格的背景覆盖一层岩石纹理。

在画面左上角覆盖一层金箔材料纹理。

给整个背景覆盖一层粗麻布材料纹理，设置图层的“混合模式”为“柔光”，画面基本上就完成了。整幅画覆盖了十多种材料的纹理图，看上去与纯靠画笔作画的效果有非常大的差异。有些地方，如给头发覆盖的金箔材料纹理，甚至不在常规理解范围之内的，有些部位，如给衣服覆盖皮革材料纹理，则很快产生了画笔达不到的逼真效果。所以，在作画时只要恰到好处地综合运用各种材料，其实能节省很多时间，而且会有意想不到的效果。

利用Photoshop作画其实比在纸上画画更加随心所欲。平时大家要多了解各种材料，多尝试不同材料的绘画效果，就能对不同材质的表现了然于心，在Photoshop里同样也能运用自如。

6.3 Photoshop模拟油画效果技法

油画是用油调和颜料，在画布、亚麻布、纸板或木板上进行绘画的一个画种。当画面干燥后，能长期保持光泽。凭借颜料的遮盖力能较充分地表现所描绘的对象，其色彩丰富，质感强。

油画独特的笔触让画面有一种厚重的感觉。画过油画或者水粉画的人，会对在Photoshop里模拟油画效果非常有帮助；没有在纸上或者画布上画过油画的人也可以实际操作一下，体验油画笔在纸上划过的感觉，将对理解笔触有很大的帮助。在Photoshop里模仿油画的感觉就需要还原在纸上绘画的笔触感，这就需要使用特殊的笔刷，后期也需要叠加纹理来达到仿真的效果。

起稿与之前严谨的起稿方式有区别，油画的线条粗犷、大气，画的时候一气呵成，用黑、白、灰关系交代大概的形象。适当的夸张可以使形象感更强，点、线、面的配合可以增强画面的节奏感。

这幅画用到了一款铅笔笔刷和两款油画笔刷，大家可以自行制作或者在网上下载、购买。

笔刷效果图

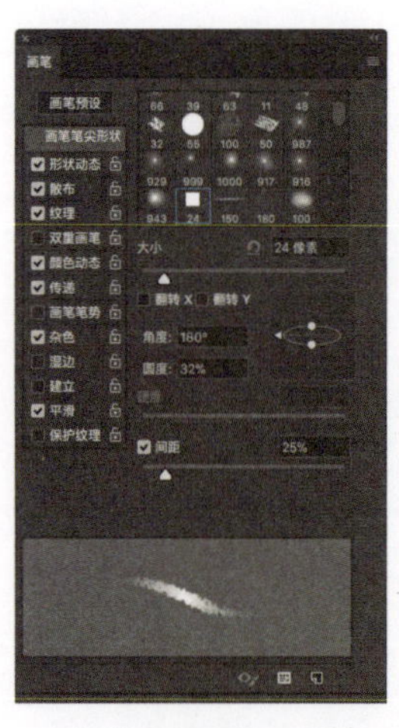

铅笔笔刷

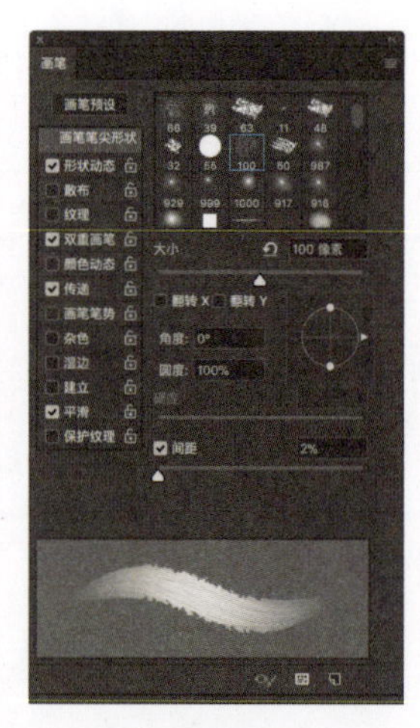

油画1笔刷

油画2笔刷

将草稿图层的不透明度调低，用大笔触刷底色。大笔刷相当于油画笔中的大刷子。刷的时候不要刷得太满，下笔有轻有重，可让背景有透气的感觉。

把笔刷调小一点，相当于换小一号的油画笔，涂脸部和衣服，注意笔触应随着形体结构而变化。

换铅笔笔刷先以大线条勾勒帽子的边缘，再用黄色刷帽子，完成整个画面的大色调。本例为整个画面确定了一个舒服的黄紫对比的灰色调。因为画草稿的时候就明确了黑、白、灰关系，所以刷颜色的时候也就会心应手。

用铅笔笔刷勾线，描绘五官。就像画速写，线条的运用要注意穿插叠压和轻重缓急。

塑造脸部，加深暗部和阴影。画腮红的时候利用手的惯性顺着两边脸部的走向来画，无须抠细节都可灵活地利用笔触的方向来塑造细节。

交代衣服的细节，包括装饰元素。

给衣服添加一个深颜色的层次，以增强衣服的体积感。找一个厚重的油画纹理图放在衣服图层之上，单击鼠标右键，选择“创建剪贴蒙版”命令，调低不透明度，设置图层的“混合模式”为“柔光”。油画的纹理感和衣服的厚重感就马上体现出来了。

增强帽子的笔触感和体积感。

在帽子图层上叠加油画布纹理，调低图层的不透明度，设置图层的“混合模式”为“强光”，以打造帽子斑驳的质感。

在背景图层上再叠加一个油画布纹理，调低不透明度，统一整个画面的油画质感。图中的油画布纹理大家可以自行选择或者自己绘制，图层混合模式也可以自由选择。

6.4 Photoshop模拟彩铅效果技法

彩铅画是一种综合了素描技法和彩色绘画特点的绘画形式。它的独特性在于色彩丰富、细腻，可以表现出较为轻盈、通透的质感。

彩铅画的基本画法为平涂和排线。不同的线条组织和轻重能表现出不同的质感和体积。

排线：线的方向一致，线条之间的间距均匀。

交叉线：可用来表现阴影和人物皮肤。

平涂线：适合表现细节，但用得不好会显“脏”。

在Photoshop中模拟彩铅画效果，其实和在纸上用铅笔画画的感觉是类似的，只是笔和纸的触感变成了数位笔和数位板的触感。有的人开始使用数位板时觉得太滑了，有些不适应，可以在数位板上垫一张素描纸，这样就和在纸上绘画的触感差不多，也可以帮助我们很好地从纸上绘画过渡到用计算机绘画。

用铅笔笔刷起稿。起稿时，交代基本的明暗关系，画蓬松的头发时要进行分组。小女孩的五官在脸部的位置比成人更靠下，调整五官的大小和距离。

铺底色，确定色调，这幅画整体是高亮色调。在平涂大色调时要注意，应先把基调画暗，再逐步提亮，这样才能控制画面不会变得轻飘、粉气。

用铅笔笔刷仔细勾勒五官和头发。使用这个笔刷绘制的头发可以达到以假乱真的效果，非常真实地还原了彩铅的绘制效果。

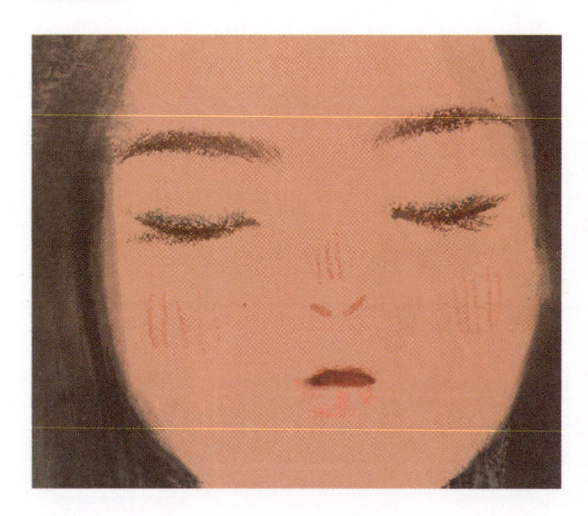

画头发时要特别耐心，在原来铺的底色上按照头发的生长方向由深到浅一缕一缕地排线，但是也不能画得过于死板。画的时候注意穿插叠压关系，画出头发的蓬松感和节奏感。

塑造头部和颈部。用铅笔笔刷排小线条从五官向周围画，重点塑造眼睛。嘴唇的颜色不要太深，上嘴唇颜色偏暖，可加入朱红色、大红色或橘红色；下嘴唇颜色偏冷，可加入粉红色或玫红色。

加深颈部的投影、头发覆盖在脸上的投影、睫毛的投影等。巧用投影来塑造脸部的立体感，两颊主要利用腮红表现。腮红处的笔触更强一些，就像在纸上绘画，腮红更厚一些，通过笔触的厚实和平滑程度也能拉出前后空间关系。注意，脸部平涂线条的方向是随着脸部体积和转折变化的。

给裙子铺淡紫色的底色，这有助于用线条排线。在淡紫色底色图层上新建一个图层，用铅笔笔刷细密地排白色线条，可以整体先排一层线，然后再排一层，层层递进，由浅入深，使裙子由基底色还原到固有色。

用同样的方法，先给兔子铺基底色，再用白色和粉色的短促线条表现兔子毛茸茸的感觉。用淡紫色画裙子的褶皱和投影。

塑造手部。在手肘和手指关节处加入橘红色，注意利用袖子的投影和手指的投影来增强体积感。有深浅层次地勾勒手部形状和兔子外形的边缘线，再次排小短线条提亮兔子的颜色。

给背景铺线条也是非常关键的一步，因为背景在画面中占了很大面积。线条可以随意发挥，主要是还原彩铅的质感。使用Photoshop模拟彩铅画通用的原理就是每一步都先画暗色再逐步提亮，这样就能更好地保留铅笔排线的缝隙感。这也是区分手绘感和矢量平涂感的关键因素。

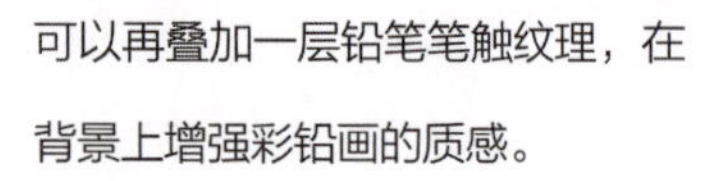

可以再叠加一层铅笔笔触纹理，在背景上增强彩铅画的质感。

最后根据整体画面需求进行调整，头发再蓬松、飘逸一些，提亮裙子，加上点缀的星星以丰富画面，使画面中的主体更突出。

所以，综合来看，Photoshop模拟彩铅效果其实最重要的就是还原铅笔的线条感，所有地方都用线条塑造，以线代面，对于习惯大面积平涂颜色的人，需要非常耐心地去排线。

6.5 Photoshop模拟版画效果技法

版画主要是通过制版和印刷工艺产生的艺术作品，具体是指用刀或化学药品等，在木、石、麻胶、铜、锌等版面上雕刻或蚀刻，再复印于纸上。有木版画、石版画、铜版画、锌版画、瓷版画、纸版画、丝网版画、石膏版画等。

本节所说的版画效果主要是指刀刻留下的独特画面痕迹和印刷留下的画面纹理。

这组漫画模仿了木刻版画的效果，粗犷的线条和浓郁的配色形成了独特的画面效果。下面以其中的一格为例来讲解利用Photoshop模拟版画效果技法。

用最普通的圆头笔刷起稿，调整人物的头身比例，进行适当的卡通化处理。可以将每个人物的表情进行夸张表现，赋予角色戏剧性的冲突感，能让画面的故事性更强。

在版画中最重要的是黑白线条的对比。可以利用“画笔工具”和“橡皮擦工具”来模拟刻刀在木板上留下的痕迹。

在模拟效果的过程中，其实是在还原版画的制作过程。先把涂色区域全部涂黑，再用“橡皮擦工具”模拟刻刀工具，把不需要的部分刻掉，在黑色底上形成了白色线条，不同的擦法得到的效果就像用不同的刀法刻出来的效果。如使用“橡皮擦工具”时故意不擦干净，留下了随机痕迹，就像刻刀在木板上留下的痕迹。

在画完的黑白稿上用笔刷擦除，形成斑驳的印刷质感。

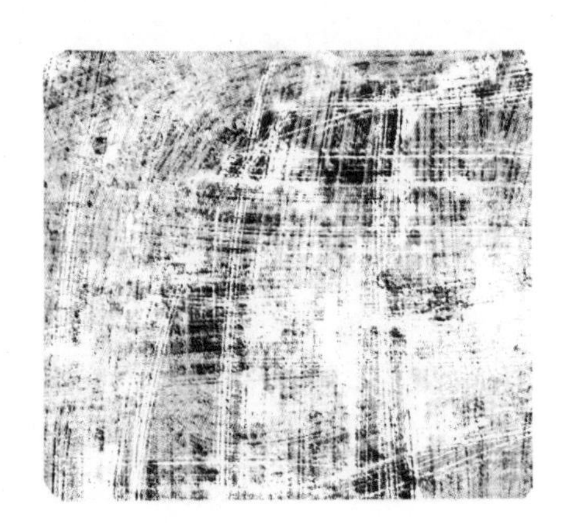

版画的颜色一般不多，所以上色时先选好颜色，做成一个色板，所有颜色都在色板里变换。

上色基本上采用平涂的方式，甚至可以不完全和黑色线条边缘对齐。例如，黑板的颜色，这里特意让颜色超出了一点，因为版画在套色时不是那么精准，这样反而会更有透气感。在平涂的基础上也可以用笔刷刷出一点斑驳的质感。

按区域一步一步上色，所有的颜色都在提前定好的色板里选择，可以做微小的明度变化处理。

涂黄色就一次性把画面里的黄色都涂完，涂红色、蓝色等其他的颜色也使用同样的方法，按一个颜色一个图层的方式来上色。

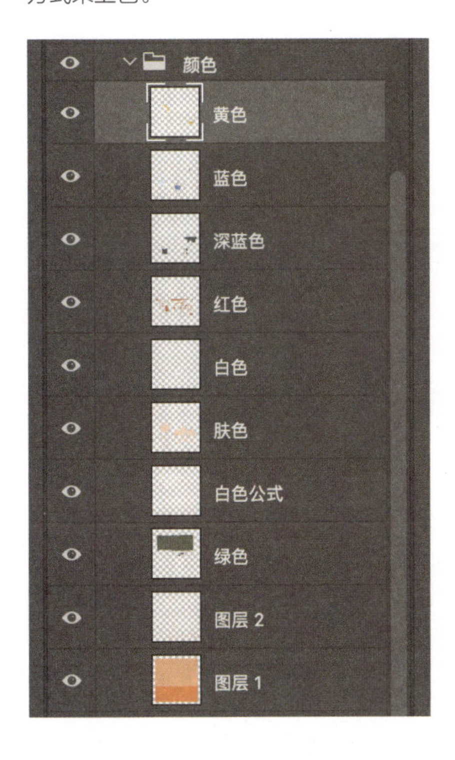

最后添加岩石颗粒质感纹理，并将纹理图层置顶，单击鼠标右键，选择“创建剪贴蒙板”命令，设置图层的“混合模式”为“柔光”或者其他，只要适合画面效果就可以。

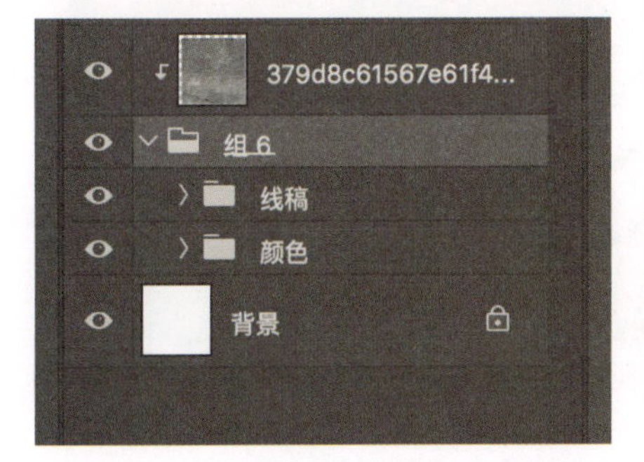

在本例中，其实比较重要的步骤是黑色线条的制作。大家在画黑色线条时要注意画面的节奏，可以用点、线、面来丰富画面节奏。

例如，地面上的点、天空中的点，以及有冲击感的漫画线条或者若有若无的背景竖线等，都可以用来丰富画面，也可以让画面更加像版画的效果。

大家可以研习一下日本著名绘本作家宫西达也的作品，他的配色和线条的处理对模拟版画效果也有很大的参考价值。

6.6 画面中的颗粒感

近几年随着丝网印刷的复兴，丝网印刷独特的颗粒质感也影响了插画师们的画面表达，形成独树一帜的风格。有颗粒感的画面比起矢量平涂更有层次感，看起来复古、细腻，颜色的过渡也更自然，而且有一种令人亲切的温度感。

这是一幅为情人节画的主题插画。为了缓和人们对冬天冰天雪地的寒冷印象，我特地选择了温和的暖色调，搭配具有颗粒感的笔触，为画面打造了温柔、朦胧的氛围。

有很多方法有画面具使颗粒感，下面分别进行介绍。

Step 01 巧用图层模式。

选择任意一个笔刷，这里选择最普通的圆头笔刷，随便画一个形状之后，把图层混合模式设置为“溶解”。

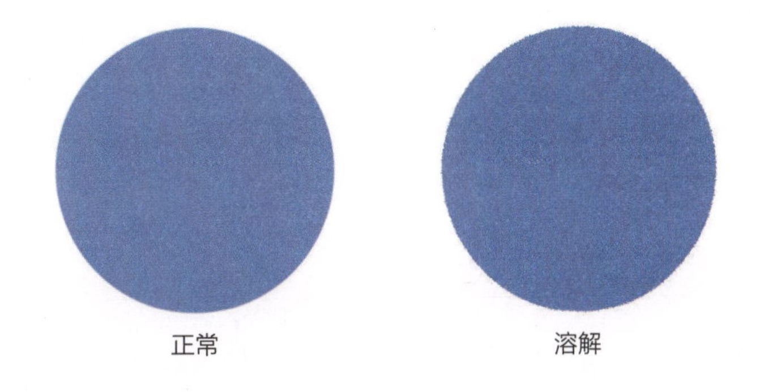

正常　　溶解

此时，可以看到圆形本来光滑的边缘变成了有颗粒的边缘。

如果把图层的不透明度调低，则实心圆会变成由无数颗粒组成的圆，并且不透明度越低，颗粒越少。

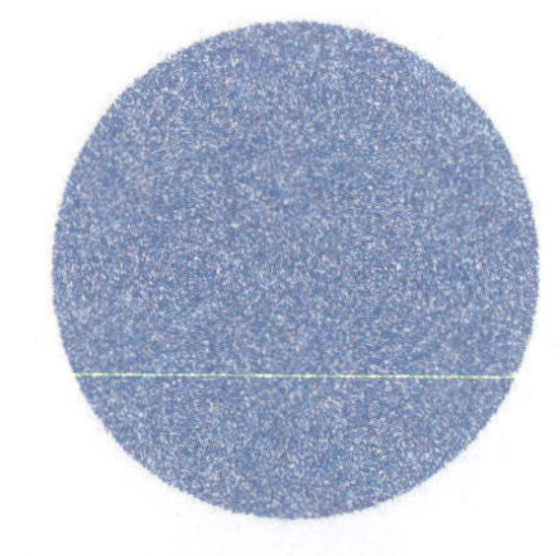

70%不透明度

20%不透明度

换成模糊笔刷之后搭配“溶解”混合模式，在画面中就更实用了。

正常

正常

例如，画雪地。

首先平涂一个浅蓝色的底层。

然后新建一个图层，用圆形模糊笔刷涂抹一层更深的蓝色，单击鼠标右键，选择“创建剪贴蒙版”命令，让新的图层覆盖在原来的底层上。

把图层混合模式设置为“溶解”，并适当调低不透明度，可以发现深蓝色图层变成很明显的颗粒图层。

用同样的方法画其他颜色和光源图层。

“溶解”混合模式下的颗粒图层会相互影响，使每个颜色的过渡都温和、自然且不腻。

Step 02 利用笔刷工具。

笔刷工具是最直观，也是最快速制造颗粒的方法，可以在网络上搜索“颗粒笔刷”“灰尘粉末笔刷”“沙砾笔刷”等。

正常

溶解

颗粒的大小、密度等都能给画面带来不同的效果。

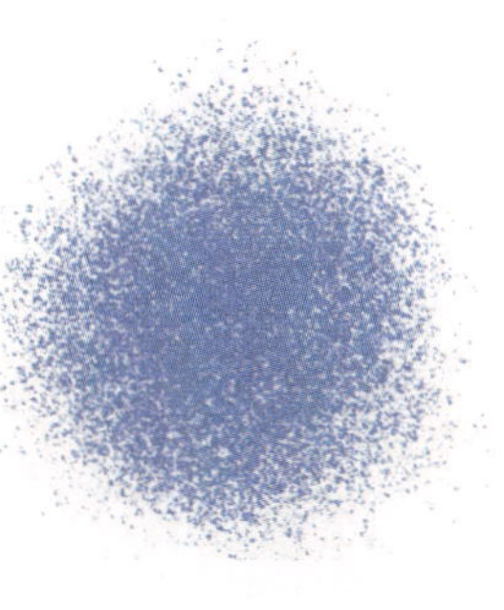

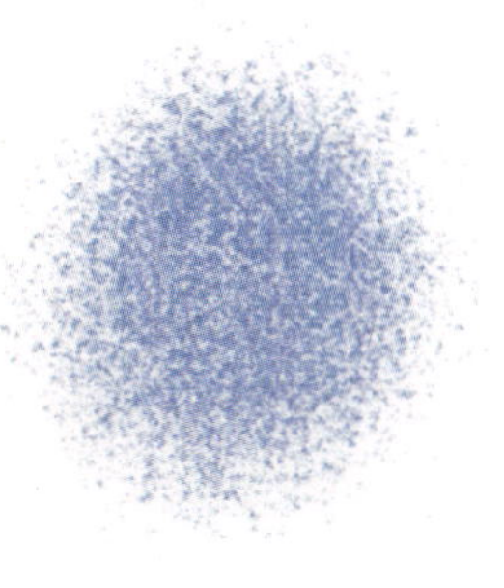

比如，在画人物的时候，可以很好地运用颗粒笔刷。

一般来说，可以把一个颜色分成最基础的三个层次，下面以画面中女孩的衣服为例进行讲解。

衣服的固有色为基础的粉红色，在固有色基础上加入比固有色浅一个层次的颗粒，再加入比固有色深一个层次的颗粒，两者混合就成了有变化的颗粒基底。将这个基底作为新的固有色。

在新的固有色基础上再加入明暗调子，并统一光源，添加反光，就可使人物有立体感，并且能与环境互相融合。

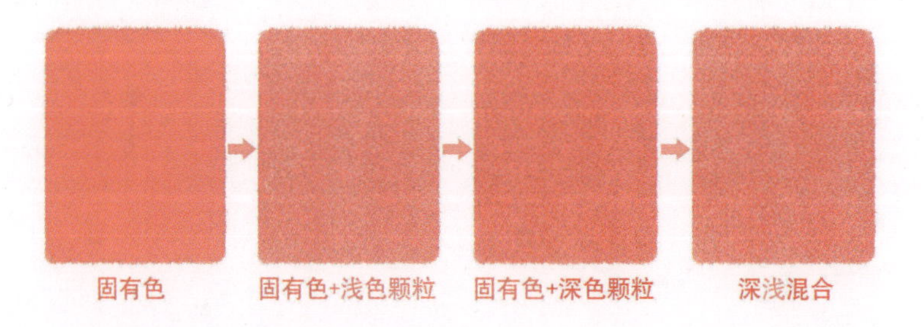

人物的各个部分都用到了这种颗粒的绘制方法。

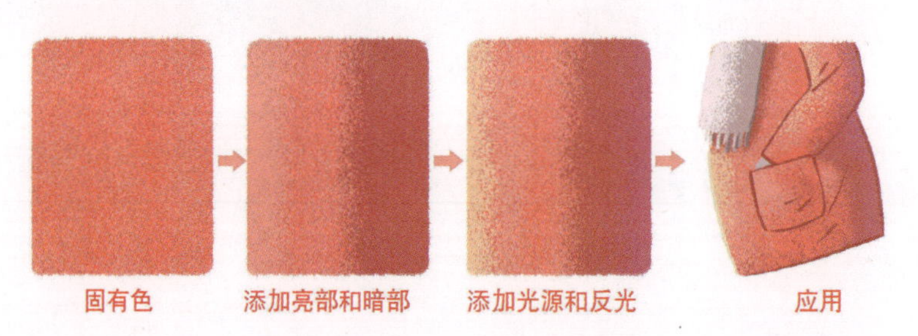

我们在平时使用铅笔的时候会感受到铅笔在纸上划过的磨砂感，与钢笔、原子笔、毛笔带来的感受都不一样。其实铅笔的绘画质感也是一种颗粒感，这也是许多插画师特别钟爱铅笔的原因。在使用Photoshop作画的过程中，画面中许多需要描线的地方都会用到铅笔笔刷。

右图所示是我下载的铅笔笔刷，颗粒的大小和密度类似于我们实际使用的铅笔硬度。给它们打好标签，以备在不同的场景中运用。

例如，我在画雪山的时候就把铅笔笔刷和颗粒笔刷混合起来使用了。

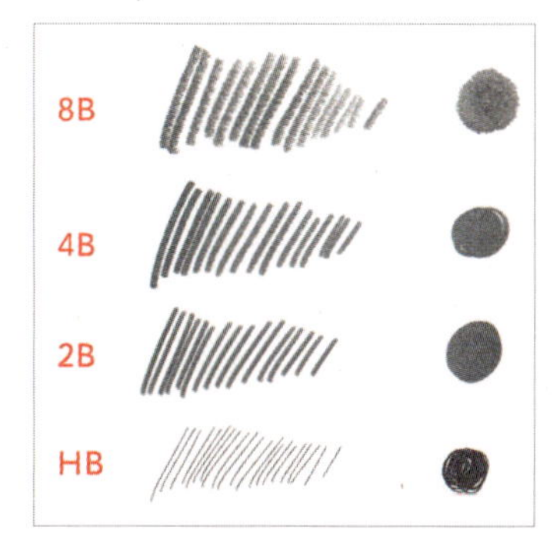

用前面介绍的方法给雪山画上有颗粒层次的固有色作为基底。

用铅笔笔刷画出暗部颜色最深的棱角，再用颗粒笔刷擦出渐变的效果。

选择一个淡紫色雪山的暗部，同样也是先用铅笔笔刷画棱角，再用颗粒笔刷画大块面颜色。由此可以发现，只要区分出亮面和暗面两个大块面，就已经很有雪山的质感了。

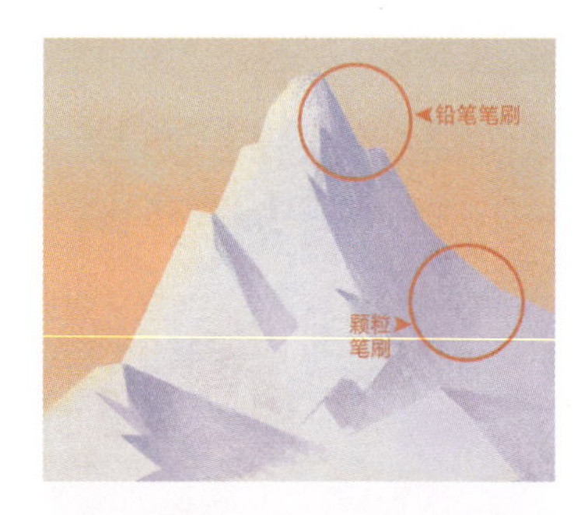

黄色与紫色互补，在画面中可以形成舒适的搭配，所以在画亮部的时候，可以画上暖黄色的光源。

增加一个中间层次，再增加一个高光层次，基本上就完成了雪山的塑造。在此过程中，基本上反复用到铅笔笔刷和颗粒笔刷。

Step 03 利用纹理。

在绘画中也能很好地利用一些带有颗粒的纹理图，比如岩石纹理、沙砾纹理、水泥纹理等。

粗糙的岩石表面本身就有磨砂的质感，通过“创建剪贴蒙板”命令将岩石纹理图层覆盖在雪山上，再利用图层混合模式，就能把岩石纹理的颗粒感与雪山表面很好地融合在一起，使雪山表面有更加丰富的质感。

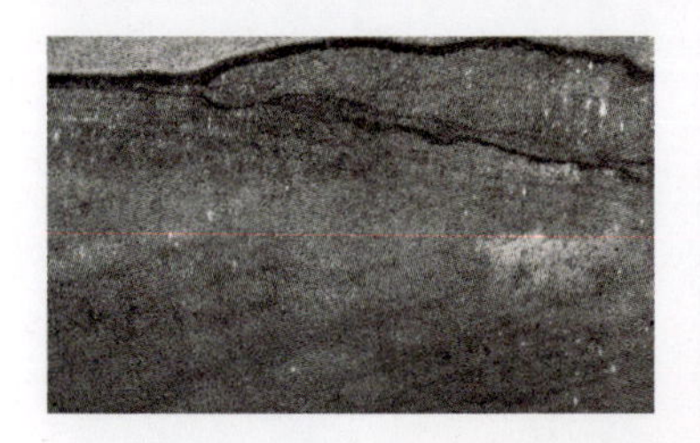

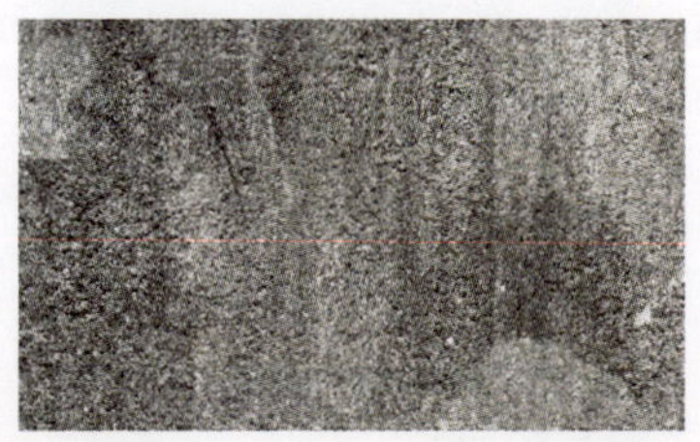

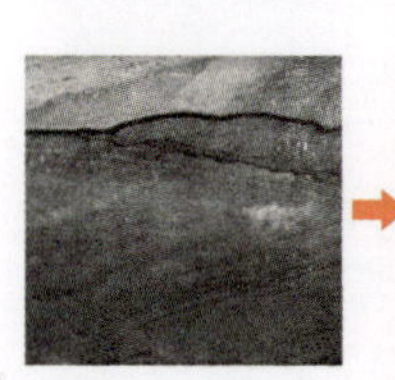

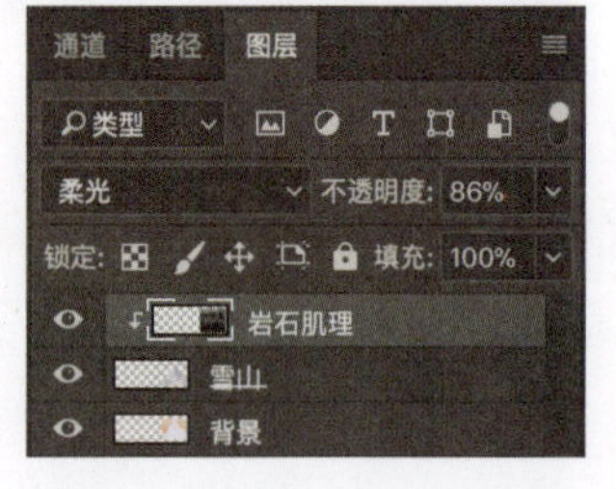

Step 04 电影胶片感。

胶片电影带有一种独特的颗粒感，也就是人们常说的“磨砂感”。我们可以借用滤镜来给画面整体覆盖一层颗粒，就像胶片电影的颗粒感一样。

在菜单栏的“滤镜”下拉菜单中选择“Camera Raw滤镜”命令，在打开的对话框中单击“效果”按钮，也就是“fx”按钮，然后随意调整“颗粒”的“数量”“大小”“粗糙度”等参数。不同的参数组合会形成不同层次的颗粒效果，大家可以多尝试。

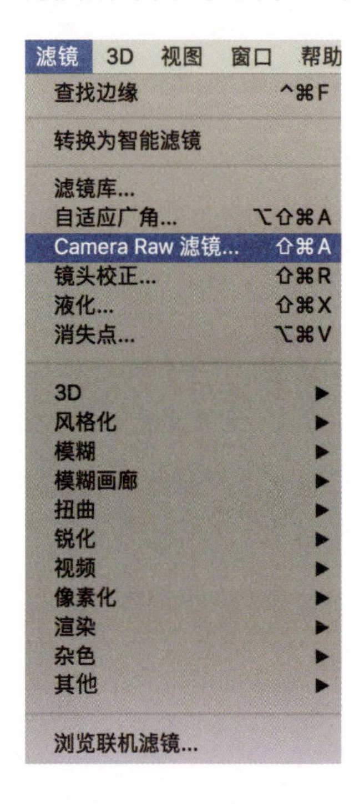

一个纯色的背景用了“Camera Raw滤镜”之后，就被覆盖了一层具有胶片电影效果的颗粒。

应用“Camera Raw滤镜”的画面，就像给整体画面又加了一层细节，使原本光滑的表面有了触感。“Camera Raw滤镜”效果经常会给人带来一种怀旧的感觉。

小作业

1. 学会从油画、国画、版画等不同的艺术门类中“取经”，并进行素材的积累。

2. 选择一张人物肖像图片（可以是照片，也可以直接写生），用Photoshop模拟不同绘画的效果。

Chapter 07

插画之外

7.1 一万小时定律

前面讲了很多技法性内容，成为一个插画师其实很容易，拿起笔的那一刻就已经成功了第一步。但无论哪个行业，最重要的还是坚持，把画画变成爱好、习惯。

现在有非常多的网络平台，人们可以更加便捷地看到拥有各种专长和技能的优秀人才，但是因为一项技能让人点赞称好，也是付出了非常多的时间来学习和锻炼才得到的。

人们看到的天才，并不是一蹴而就的，而是经过持续不断的努力才成就的。例如，每天学习8小时，一周学习5天，10 000小时刚好是5年。要成为某个领域的专家，至少需要5年的时间。当然这只是类比的说法。在某个领域取得成就的人都是把专业变成了习惯，他们从小就热爱这个专业，每天练习自己的专业好像呼吸一样自然，并不觉得是在努力工作，反而在享受自己的专业所带来的快感。在某个领域越是取得重大成就的人，越是不满足于当下，无时无刻不在勤奋练习，努力超越自己。

如果真的想成为一个插画师，持之以恒地学习和练习是非常重要的。当然，好的方法能起到事半功倍的作用。前期多临摹自己喜欢的插画，或者多画速写。我们可以准备一些小本子，大小刚好能够放进包里或者随身携带，甚至可以利用手机备忘录进行记录，这样可以快速练习。平时看见感兴趣的内容随时快速记录下来，用来收集素材和日常练手。

当然，临摹并不是简单地“复制”一遍，关键是在画的过程中进行思考，画过之后从中学到了什么、解决了什么难题。比如，造型的方法、配色的技巧、上色的流程等，能多吸收一点经验就是有效的临摹。

等到对所有技法的运用都得心应手时，就可以自己做一些完整的创作了，可以创作系列作品，这是形成个人风格、让别人记住你的好方法。这也需要每天为创作积累素材，由于在每天工作、学习之后，完成一幅完整作品创作的时间是不够的，那么可以每天只画一小部分，用一个星期、一个月甚至几个月、一年，去创作一幅完整的作品。

7.2 电影和书籍

电影和书籍是积累灵感素材的重要来源。阅读有助于构建绘画的故事感，增加画面的叙事性和可读性。电影更能帮助我们去构思画面，很多好的电影每一帧的构图、配色、光影等都特别讲究，大家可以从里面汲取的营养非常多。

我们可以直接临摹喜欢的电影画面，转化成构图草稿、漫画、插画等。

正是因为我们积累了很多素材，在头脑里就像有一座储存馆一样，能随时调出自己想要的内容。只有眼界打开了，眼光提高了，视野开阔了，才能在大量的积累中，慢慢判断出什么是好的作品，才能够发现自己绘画的不足之处。作为一名插画师，审美尤其重要，它就是一个人的指路明灯，而不是人云亦云，随波逐流，别人说什么好就跟风。

7.3 插画师的一天

现在很多人羡慕插画师，觉得自由职业非常潇洒，好像想干什么就干什么，没有约束。实际上，自由职业比上班族轻松不了多少。自由职业是一个对自我约束能力要求非常高的职业，虽然不需要上班打卡，没有上司管制，但是这也意味着每天的日程全部需要自己安排和规划。每个插画师的工作习惯不同，因为我也曾做过自由插画师，所以从个人的角度分享一些插画师一天的安排。

插画师的工作比较没有规律，有时要同时接几个单子，这就需要分出轻重缓急，合理安排工作时间；有时可能几天，甚至一个月都没有单子，这时可以充电学习，或者经营、推广自己，使更多的“金主”来找自己合作。

我专门买了一本每个格子都可以写字的台历，上面用各种颜色的笔标注了每个单子的开始时间和截稿日期，并且会简单地标明插画的合作内容。在每个月的开始标记要完成的目标，这样就清晰明了地知道每天该干什么，也能在懒惰时监督自己，毕竟人总会有灰心丧气的时候，不是时刻都是“打鸡血”的状态。

每天晚上睡觉之前，我会大致想一下今天完成的工作，有时会想一想画面中哪个地方画得不太好，有时会构思一下明天的工作内容，这样会比较踏实。在第二天起床后也能马上查漏补缺进入到工作状态。即使是自由职业，我也会在九点之前起床，但是的确会有紧急工作需要熬夜或者通宵完成，因此想做自由插画师也要有这样的心理准备。当然，也可以选择不接急单子，一旦接了就必须负责到底，应对中途发生的各种紧急问题。

上午我会修改昨天的问题或者准备今天的商稿素材，例如，准备人物动作或场景参考，或者浏览网站，找一些适合当时稿子的插画作为参考。下午我会正式进入工作状态，完成当天应该完成的稿件。在此期间我还会做一些琐事，如和编辑或者甲方沟通稿子的修改问题，或者参加网络会议、上传作品到网站、谈新的合作内容等。因为很多合作方如广告公司，在下午或者晚上会比较活跃。晚上如果没有特别多的商稿，我会做一些练习，或者阅读、看电影。如果周六和周日没有稿件，我也会给自己放假。

另一方面，我学会了很多料理的做法，因为在这期间一日三餐我会自己做，很少叫外卖。其实，烹饪也是一种非常减压和放松的方法，而且做完之后会很有成就感，生活品质也提高了。

在做过几次量特别大，时间又很紧急的，需要经常熬夜的商稿后，为了保持自己比较好的工作和生活状态，我就不再接特别急、超出自己承受强度的商稿了。

这也是个人的选择，很多插画师会觉得充实而忙碌的自由职业会让自己更有安全感，因为如果没有商稿就等于失去了收入来源。所以如果不安排或规划好自己的时间，自由职业也很容易使人有焦虑感。

如果想成为插画师，或者选择自由职业，大家需要权衡利弊，做好心理准备。

7.4 商业插画实践

7.4.1 品牌形象设计与延展

品牌形象设计主要包括品牌名称、标志物和标志语的设计，它们是该品牌区别于其他品牌的重要标志。品牌名称通常由文字、符号、图案3个因素组合构成，涵盖了品牌所有的特征，具有良好的宣传、沟通和交流作用。标志物能够帮助人认知并联想，使消费者产生积极的感受、喜爱和偏好。标志语的作用，一是为产品提供联想，二是能强化名称和标志物。企业为使消费者在众多商品中选择自己的产品，就要利用品牌名称和品牌设计的视觉效果，引起消费者的注意和兴趣。这样，品牌的真正意义才会显现出来，才会逐渐走进消费者的心中。

因为人们对品牌的偏好大部分是从视觉中获得的，所以树立良好的品牌视觉形象是十分必要的，也是确定在消费者心中地位的有效途径。比如，天猫的“猫”、京东的“狗”、苏宁的“狮子”都是比较经典的品牌形象，简易的造型和持续不断的曝光量，使得人们把这些形象和品牌紧紧联系在一起。

也有为了区别于简易吉祥物的造型，而选用插画人物作为品牌形象的产品。2016年，我接到新晋洗发水品牌“姜多多”的形象设计需求。以这个品牌为例，本节讲一下如何将所学的技法和思维运用到实战中。

这款洗发水品牌主打“真姜”系列，想强调自然、亲和。主理人从林徽因的经典诗作《你是人间的四月天》中截取“是爱，是暖，是希望”作为品牌的slogan。所以想设计一个小女孩作为品牌形象，名字就叫April，年龄层设定在8～15岁，要自然、有亲和力、有特点，风格要求是有手绘感的儿童画。

在开始设计的时候，既可以直接从人物本身进行设计，也可以从品牌的整体印象进行设计。当接到需求时，我头脑里更多的是小女孩在场景中嬉戏的画面。于是，我直接从插画入手，后期再进行人物形象的提炼。

当与品牌方磨合时，可以多做一些尝试，研究画面的风格和调性，摸索人物的特征。这两版有点过于低龄，但是整体风格是可以的，于是进行符合品牌人物年龄层的修改。

在不断地与品牌方沟通并进行优化后，人物形象逐渐成形，比较符合品牌方想要的样子。品牌方希望以活力、阳光的短发女孩作为品牌形象，人物的衣着和装饰的点缀元素需要进行简化。强化特点，精简画面，人物要具有可识别性，就需要有一些特定的元素，或者对外形、五官进行一些抽象和夸张的处理。

在设计上，我摒弃了传统可爱小女孩浓眉大眼的设定，反其道而行之——豆豆眼、小眉毛、圆圆脸。整个设计更亲民，就像日常生活中活泼的邻家小女孩。

最终定稿后绘制三视图。三视图是将人物应用在各个场合的通用规范，一般需要归纳人物的头身比例、五官和四肢特点，以及服装和装饰元素设计。更加细致的还需要精确到颜色数值，以及身体各部分比例值等，这是必不可少的一个环节。

画三视图要从人物的整体出发，在看到正面的时候，要能够想象人物360° 的形象，让平面的形象在头脑里变成立体的形象。我们平时可以观察人物在同一高度的各个角度并拍下来，这在绘制三视图的时候很有帮助。用参考线辅助确定头身各部分比例，确保正面、侧面、背面在同一水平线上。

上色的时候选择有钢笔压力的笔刷，这样可以将颜色一层层叠加上去，形成笔触感。

给头发上色：先把头发颜色画得黑一些，再用稍微浅一些的红棕色叠加，混合使用笔刷，形成手绘的质感。

修正五官：调整原来草稿的线条和颜色，画上腮红和脖子上的投影。

画头发上的花朵：与衣服呼应，采用同色系蓝色来画。在皮肤图层上覆盖一层油画笔纹理，调低不透明度，单击鼠标右键，选择“创建剪贴蒙版”命令，设置图层的“混合模式”为“柔光”。

给衣服也覆盖一层同样的油画笔纹理。

给衣服画上花朵和条纹：花朵可以画得随性一些，不需要太拘泥于形状，但是注意花朵大小和疏密的节奏感。

依次给正面、侧面、背面上颜色。

设计不同场景应用的服装，大部分形象设计还需要进行人物表情和动作设计，因为“姜多多”形象只应用于洗发水，暂时没有线上动画或线下实体的需求，所以没有特别要求进行表情和动作的设计。

根据形象对产品进行插画延展，3款不同功效的产品分别用不同的主题插画场景阐述，即看书、弹琴和摘星星。每一张插画都有一只猫贯穿，代表陪伴。

设计整个插画场景的时候要结合产品外形和颜色，不能过于花哨、复杂，尽量恰到好处地烘托主题。同时要考虑和瓶身颜色的协调搭配，比如“姜多多”的瓶身是黄色的，在画3幅主题插画的时候，就尽量不要大区域采用同色系的黄色。

外包装的设计要比瓶身的插画细致，因为包装袋外形就是一块方正的画布，所以发挥的空间也比较大。用黄色衣服指代产品主题颜色，主人公April开心地抱起宝箱里的小猫，将猫比喻成“姜多多”的产品，表达迫切的期待，终于等到产品的面市。

在设计品牌形象时，要积极与品牌方沟通，理解产品的诉求，考虑形象的独特性，彰显插画本身的特色和魅力，但也要研究产品的通用性。依据产品特征，设计可简约，也可复杂；在颜色上，要考虑到印刷的工艺，不要过于灰暗，尽量明亮、饱和一些，会比较有吸引力。

7.4.2 商业插画

商业插画，顾名思义就是具有商业价值的插画，它不属于纯艺术范畴。商业插画与绘画有一定的区别，它必须具备3个要素：直接传达消费需求、符合大众审美品位、夸张强化商品特性。

也就是说，在做商业插画时，要把商品信息巧妙地表现在画面中，在琳琅满目的购物环境里，如果消费者在短时间之内没有看到，或没有被插画所吸引，恐怕这之后消费者也很难对这个商品产生购买欲。

有故事性的插画更容易让人产生持续购买的欲望。当今，数字媒体飞速发展，对商业插画的传播有很大的推进作用，条漫、H5、MG动画……商业插画已经没有固定的形式，能与任何形式完美地融合在一起。

首农集团2017年七夕节委托我绘制一组七夕插画，把首农旗下的产品融合在一个白领上班族一天的生活中：早晨起来在北海公园跑步，跑完休息喝牛奶，中餐吃沙拉，晚餐与同事聚会，晚上与好友一起运动打篮球，回家惬意地听歌，享受冰激凌的美味。根据时间节点将一天分成6个画面来画。

一般来说，先画出草稿让品牌方确认，草稿可以只有寥寥几笔，画出大概的想法即可，但最好把画面都直观、明确地交代清楚，这样能避免后期大幅度的修改。

在前期阶段需要从整体入手，考虑整组插画的连贯性，人物形象要注意前后统一，可以先单独设计人物，再构思场景。

在这组插画中，我用线稿基本上把画面所有的内容都描画得非常清楚了，就像电影一样，6幅插画构图有全景、有中景、有特写，尽量做到层次分明。

因为是按时间节点连成线的故事，所以画面的前后关系很明确。后期上色的时候借助颜色、光影就更能强调出一天的时间进度。

在绘制颜色的时候，先用第一幅画面的场景做实验，尝试用一种类似版画印刷效果的颗粒感画面来呈现整组插画。

用大笔刷铺色调，选择有钢笔压力的笔刷，画的时候形成笔触感，不要涂得太死板。蓝天背景和大树占据画面的2/3，奠定了这幅画的色调。

铺大色调的时候基本上是平涂，不需要做太多的颜色变化。注意树、花坛、远山等的绿色要有不同的色彩倾向。

按部就班地涂色，这一步主要考虑画面的颜色搭配。画面背景是大面积的蓝绿色调，所以人物用暖色来表现就会很突出。鲜明的红色成为了画面的视觉中心。头发和裤子的重颜色可以“压”住画面，使画面不“飘”。白色的点缀使画面黑、白、灰层次分明。

为了模仿版画独特的印刷效果，在平涂后就可以用颗粒笔刷上色，在这幅画中，一个通用的上色办法是：先平涂一个中间层颜色，再用颗粒笔刷加上暗色和亮色的颗粒，形成暗、灰、亮3个层次，最后叠加有颗粒感的纹理。

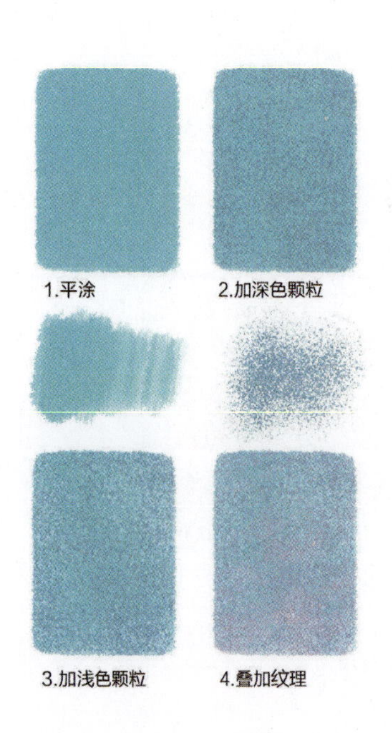

为天空的蓝色画加上深浅不同的颗粒，选择一个类似岩石纹理的图片，设置图层的“混合模式”为“变亮”，形成独特的蓝紫相间的颗粒质感，正好丰富了背景的颜色。

有时候，很多效果是在画面中偶然形成的，这种效果和方法可以记录下来，作为属于自己的独特技法。

给花坛、地面、远山等加上颗粒层次，给花坛台阶亮部画上黄色的光。

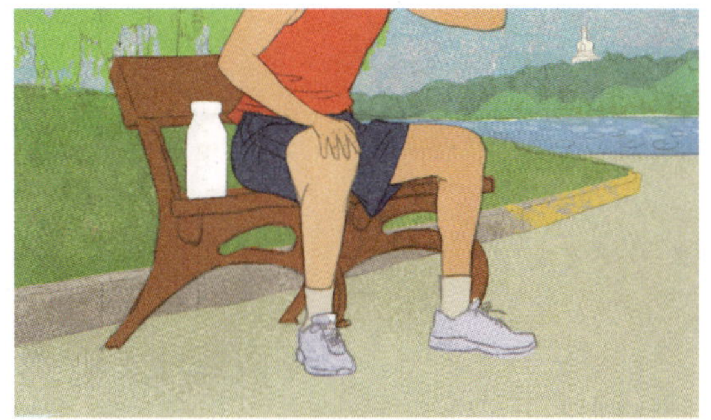

画上人物和凳子的投影，给地面覆盖一层纹理，设置图层的“混合模式”为“叠加”。

给凳子画一个暗部层次，同样叠加一层颗粒纹理。

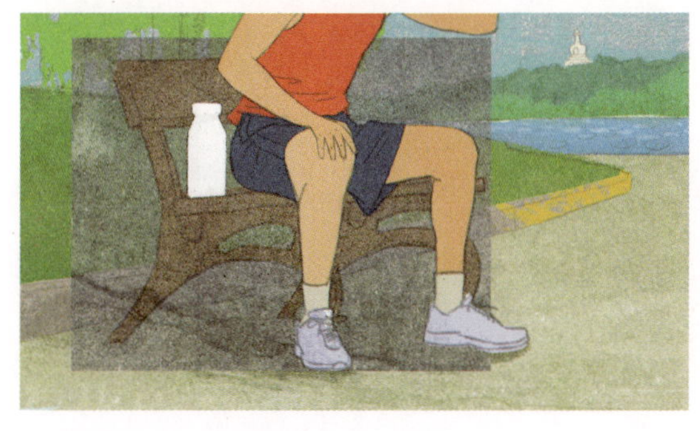

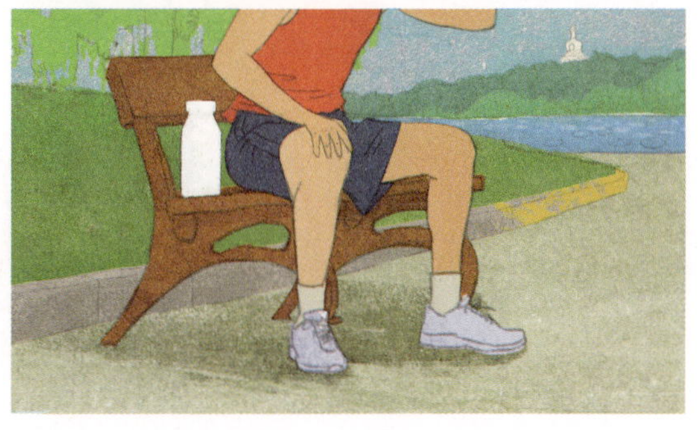

柳树虽然是背景，但是在构图上占据画面的1/2，形成一个半圆形，也是塑造的重点。

为了体现柳树垂顺的质感和树叶的前后叠压关系，在塑造柳树的时候，笔触与其他地方不一样，分成4~5个颜色层次，用一种断断续续的笔触，也就是连点成线的方法来表现。

为了在画的时候保持头脑清醒，不被树叶的表象迷惑，可以分成多层来画。在固有色绿色的基础上，按一层深绿色、一层浅绿色、一层灰绿色的顺序往上叠加。

这种笔触很容易画得很碎，在画的时候不断地隐藏线稿图层来对比观看整体效果，及时调整，使树叶在整体的基础上有一簇簇起伏感。

把线稿的不透明度调低，再重新描线。这次描线是有体积、有取舍地描，不是把所有线条重新描一遍。用和固有色同色系的线条，有轻重缓急地把边缘线加重。比如，皮肤的线条用比皮肤更深的橘红色来画，背心的线条用深红色来画，裤子的线条用普蓝色来画……另一层次的线条是光源线，用白色和黄色描绘光源线要保持同一个朝向。

用颗粒笔刷塑造脸部和四肢。

手肘、膝盖部位用橘红色加深，并用肉粉色稍微提亮皮肤高光。

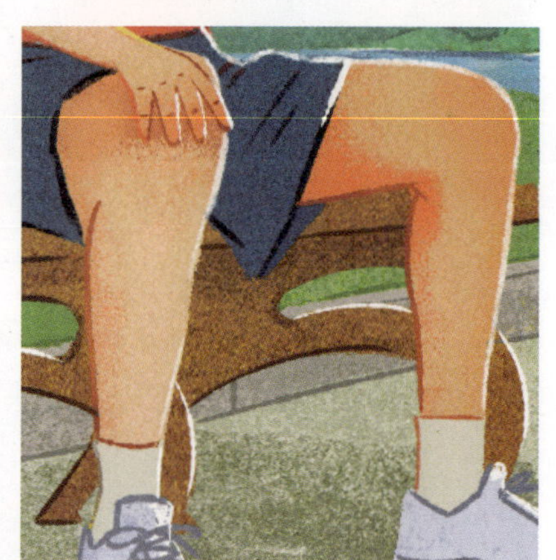

用颗粒笔刷画衣服的暗部和亮部。

覆盖一层颗粒纹理，设置图层的“混合模式”为“叠加”。再覆盖一层有颜色冷暖变化的纹理，设置图层的“混合模式”为“柔光”，使衣服的红色受光面偏暖、背光面偏冷，更有阳光照射的感觉。

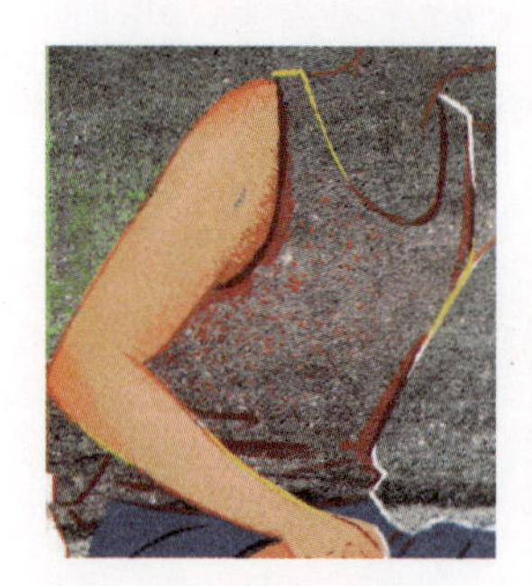

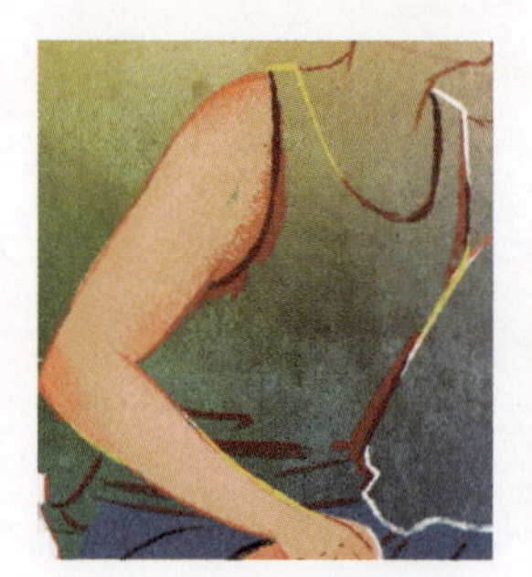

用颗粒笔刷加深裤子暗部，并覆盖一层油画纹理，设置图层的“混合模式”为“柔光”，让裤子的蓝色产生丰富的变化。

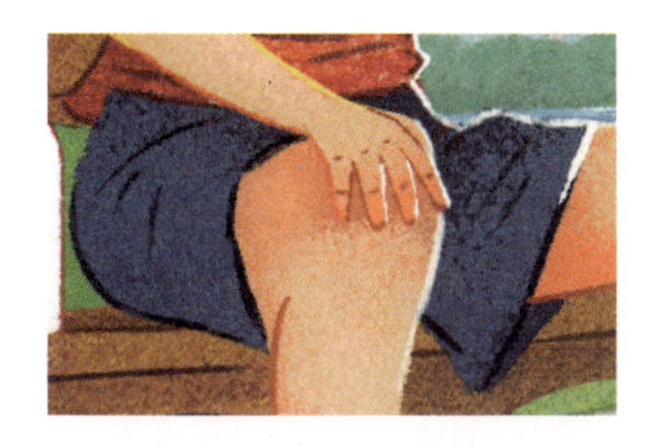
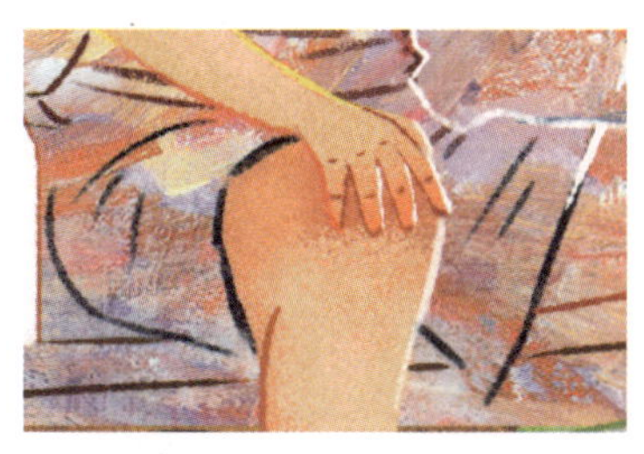
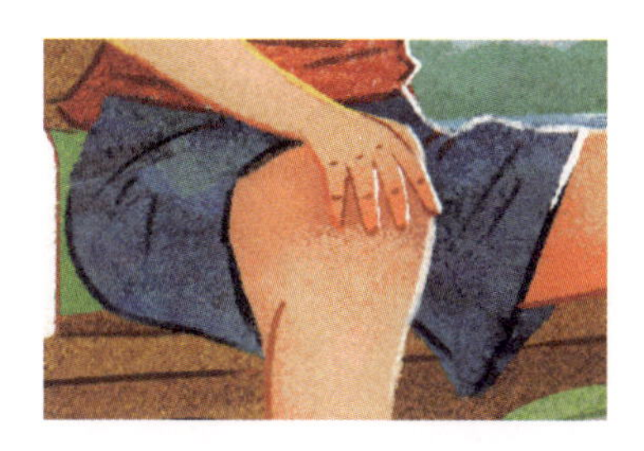

再覆盖一层颗粒纹理，调低不透明度，设置图层的“混合模式”为“叠加”。

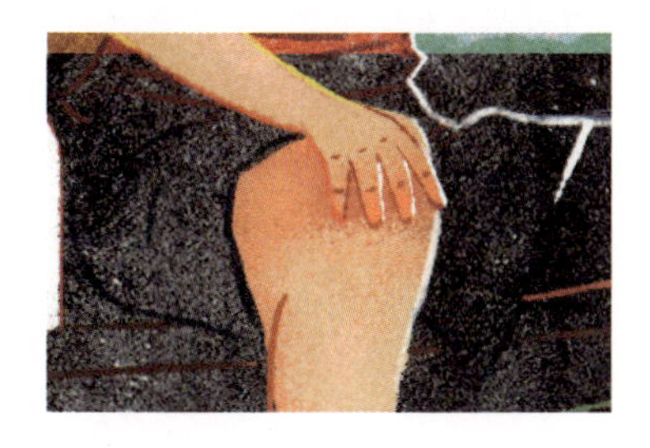
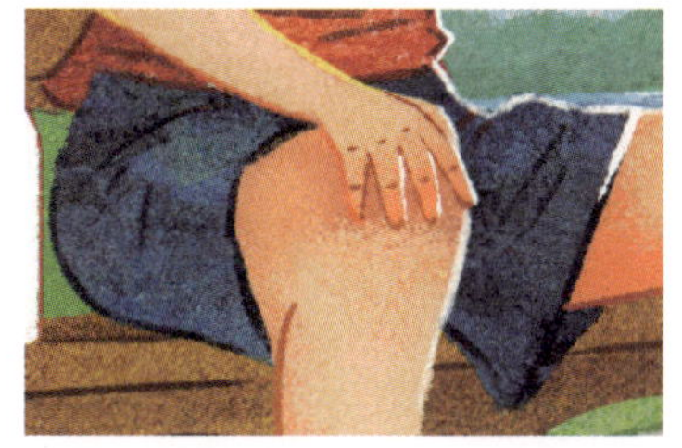
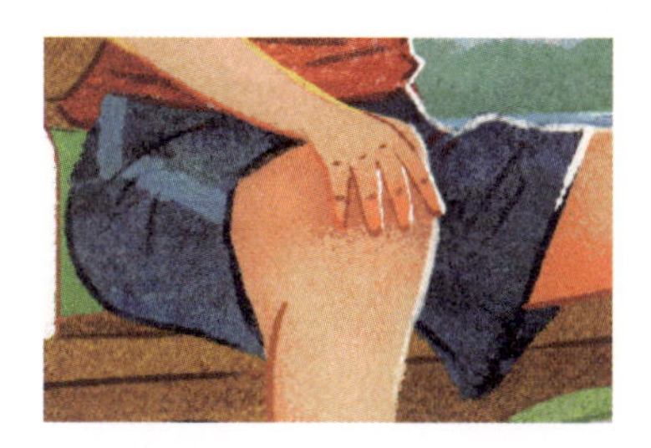

塑造鞋子、袜子和人物的其他细节。

给瓶子画上暗部和商标装饰。

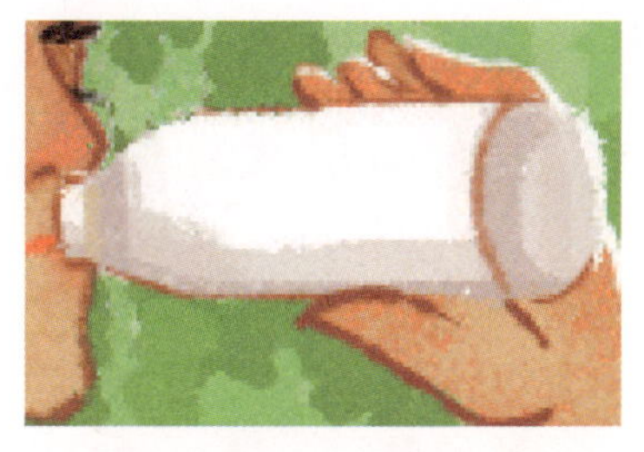

塑造完细节，回到全局，画面基本上就完成了，接下来进行整体调整。

给花坛里的植物画上红色的小花朵进行点缀。花朵的红色与人物衣服的红色互相呼应。给花坛的边缘勾勒一条黄色的光源线，与背景的湖水拉开空间关系。

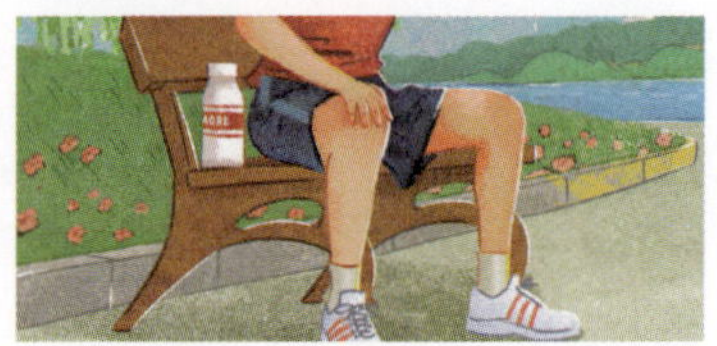

给柳树覆盖一层暖色调油画纹理，使柳树的绿色更暖一些，不那么生涩，与人物的暖色也更搭配。

再覆盖一层冷暖渐变纹理，使柳树受光面受黄色光源的影响显得更暖，背光面受蓝色反光影响显得更冷。

在背景的蓝天上画一些白云，配合蓝天的纹理质感，可以画得松弛一些。

完成后，与品牌方沟通确认，之后就可以大胆地进行接下来的绘制了。

在画商业插画的过程中，一定要及时地与客户（品牌方）进行对接和沟通，让双方都能明确意图，避免不必要的修改。

按照下方左图的风格，给剩下的场景上色，注意6幅画面风格上的统一性。在绘制多人场景时，要注意人物之间的互相影响，颜色不要太乱。

（注：基于商业合作的原因，本组插画中的品牌LOGO和商品信息都已弱化和隐去。）

很多商业插画为了吸引人眼球，会选用很夸张、突出的造型，以及鲜艳、饱和的颜色。我个人感觉这次的主题是“娓娓道来的温情”，很有生活气息和品质感，所以没有用非常有冲击力的构图和颜色，而是选用有亲和力的人物形象，使用柔和、统一的色调。模拟版画印刷的颗粒质感会让人感觉仿佛自己在拿着纸质画报，更有温度感。

在创作商业插画时，每次的需求都可能不一样，这会给插画师带来很大的挑战和新鲜感。平时大家可以多多积累、多多练习，多看优秀的广告、漫画、电影等，也能带来很多创意和灵感。

有人认为商业插画没有艺术性，是快销产品，过了宣传期就没有意义了。但是，对于插画师来说，带有故事性的商业插画让画面的可读性更强、更耐看。即使过了宣传期，单独拿出来也是一份非常有分量的作品。所以在创作商业插画时，也要像创作自己的作品时一样认真对待 。